北疆棉田土壤质量演变及季节性冻融的影响

王振华 宗 睿 李文昊 著

科学出版社
北京

内 容 简 介

新疆绿洲农业区非灌溉季漫长，在此期间，冻融显著改变土壤水盐运移过程，对土壤质量的影响不容忽视。本书针对北疆棉田土壤盐渍化、质量下降等问题，以北疆绿洲典型棉区——玛纳斯河流域下野地灌区不同滴灌年限棉田及邻近自然荒地为研究对象，利用资料分析、定点监测、田间调查和控制试验等方法，探究不同情景影响下土壤物理结构、养分存储、盐分分布和微生物组成的时空分布特征，揭示长期滴灌棉田土壤质量演变特征，明确非灌溉季冻融及冬前秋耕方式对长期滴灌棉田土壤质量的作用机理。

本书可作为高等院校农业水土工程、土壤学专业教师和研究生的学习用书，也可为相关专业科研、设计及施工管理人员提供参考。

图书在版编目（CIP）数据

北疆棉田土壤质量演变及季节性冻融的影响/王振华，宗睿，李文昊著. —北京：科学出版社，2023.10

ISBN 978-7-03-077246-6

Ⅰ. ①北… Ⅱ. ①王… ②宗… ③李… Ⅲ. ①冻融作用-影响-棉田-土壤-质量-演变-新疆 Ⅳ. ①S562

中国国家版本馆 CIP 数据核字（2023）第 247748 号

责任编辑：王 钰 李 莎 / 责任校对：马英菊
责任印制：吕春珉 / 封面设计：东方人华平面设计部

科 学 出 版 社 出版
北京东黄城根北街 16 号
邮政编码：100717
http://www.sciencep.com
北京中科印刷有限公司 印刷
科学出版社发行 各地新华书店经销
*
2023 年 10 月第 一 版 开本：B5（720×1000）
2023 年 10 月第一次印刷 印张：9 3/4
字数：192 000
定价：98.00 元
（如有印装质量问题，我社负责调换〈中科〉）
销售部电话 010-62136230 编辑部电话 010-62137026

前　　言

新疆地处欧亚大陆腹地，水资源极度匮乏，年均降水量 150 mm，蒸发强度高，可达 1512 mm，土地面积占全国陆地国土面积的 1/6，水资源总量却仅占全国的 3%，属极度缺水区域，因此，水是新疆发展的瓶颈因素，并形成了典型的"荒漠绿洲，灌溉农业"特点。膜下滴灌在新疆棉田上的推广使用对缓解水资源矛盾、治理土壤盐碱障碍发挥了极大作用。膜下滴灌是将滴灌节水技术与地膜覆盖技术相结合，将管理、灌水、施肥、施药、栽培等各种农业措施相结合，是耕作模式和灌水方式的一场重大技术革命。新疆生产建设兵团从 1977 年开始滴灌的探索试验，1996 年在新疆生产建设兵团第八师成功实践，以后迅速发展，经历了大力推广阶段、推广与节水增效并存发展阶段和规模趋稳、提质、增效、内涵发展阶段，至今膜下滴灌技术成为当前新疆地区主要的灌水技术。截至 2020 年末，新疆微灌面积达 2.4×10^6 hm²，占新疆节水灌溉面积的 82.60%，占总灌溉面积的 50.93%，是目前世界上面积最大的集中连片应用膜下滴灌区域，促进了生产力的大发展，解放了劳动力。

如今的膜下滴灌棉田，摒弃了排水沟渠，导致"排盐"困难。盐分只能在土壤中重新分配，因此其总量并没有减少，甚至逐年增加；此外，新疆土壤盐碱化程度高、气候非常干燥、年降水量极少、蒸发强度高等因素，使新疆膜下滴灌棉田在生育末期容易受到土壤次生盐渍化的威胁。融化期地表蒸发强烈，形成盐分的再次抬升，促使地表易形成次生盐渍化。同时，新疆盐碱土分布广，盐碱化强度高，严重影响耕地质量，据统计，新疆盐碱地面积达 2180.48 万 hm²，占全国1/3 以上，40%以上农田受盐碱危害严重。土壤次生盐渍化会降低土壤肥力，而团聚体又是土壤有机质、土壤肥力的一个载体，其结构、稳定性和土壤质量息息相关。通过研究可以发现，土壤团聚体大小分布情况和稳定性程度能够很好地反映土壤结构的稳定性，于是团聚体成为研究土壤结构的重要指标。

新疆棉田长期以来的耕作方式都是 40 cm 深翻。铧式犁翻耕虽然很大程度上减少了杂草的生长，翻埋秸秆也非常有益于播种作业，但对土壤的物理结构产生了不同程度的破坏，如使土壤的容重变大、土壤变得更加紧实、土壤的三相比例失调严重、有用耕层变得稀薄、犁底层土壤一步步上移等，从而增加了土壤地表水土的流失，水分利用效率下降，农田土壤肥力不足，进一步限制农作物的根系生长发育，成为制约作物高产高效的主要因素。

新疆大部分耕地都是由原生盐碱荒地开垦而来的，长期规模化膜下滴灌对干旱区绿洲棉田生态系统的土壤结构、盐分迁移、养分存储、微生物特性等方面均产生了重要影响。膜下滴灌技术是绿洲农业发展的必然选择。本书围绕冻融及秋耕方式对新疆绿洲区长期膜下滴灌棉田土壤质量演变的影响，于新疆典型绿洲农业区玛纳斯河流域下野地灌区 121 团，选取不同情景（不同滴灌年限、季节性冻融、不同秋耕方式）影响下棉田及邻近未垦荒地为研究对象，分析不同开垦年限土壤物理结构、养分存储、盐分分布和微生物特性的时空分布特征，阐明膜下滴灌棉田土壤质量随着开垦年限的演变规律。对比季节性冻融前后长期膜下滴灌棉田土壤物理质量、化学质量和生物质量的分异，阐明季节性冻融对土壤质量的影响机理。探究不同秋耕方式对耕层土壤理化性质、微生物群落结构的影响，以及水分、盐分、温度在非饱和土壤带的分布特征，阐明新疆当前秋耕方式对次年播种前土壤质量的作用机理。研究结果将从不同情景辨别对滴灌年限、季节性冻融和耕作方式响应较为敏感的土壤质量指标，为干旱区绿洲节水灌溉农业的生态可持续发展提供重要理论依据，为新疆 250 万 hm^2 棉花的持续高产稳产和滴灌节水技术的长期可持续提供保障。

本书由王振华负责大纲的拟定和全书的统稿。本书撰写分工如下：第 1 章由王振华、宗睿撰写，第 2、4、5 章由宗睿、李文昊撰写，第 3 章由王振华、宗睿、李文昊撰写。

感谢国家自然科学基金项目（项目编号：52279040、52209064、52169012、51869027、51869028）、水利部重大科技项目（项目编号：SKR-2022020）、兵团重点领域创新团队项目（项目编号：2019CB004）以及石河子大学创新发展项目（项目编号：CXFZ202201）的资助。

鉴于作者的能力和水平有限，书中难免有疏漏之处，恳请读者提出宝贵意见和建议，以便修订时完善。

目　　录

第1章 绪　　论

1.1　新疆膜下滴灌技术发展概况

随着我国人口的增长和社会发展水平的不断提高，农业发展与资源消耗之间的矛盾愈发尖锐（康绍忠，2019），耕地数量与生态健康问题日益突出（赵其国等，2006）。如何实现农业高质量发展和土地资源的可持续利用是目前生态农业研究的热点。我国耕地资源紧张，盐碱地是我国重要的后备耕地资源，其合理改良和高效利用对缓解人地矛盾、提高耕地农业生产力和坚守 18 亿亩（1 亩≈666.7 m^2）耕地红线具有战略意义（王佳丽等，2011；李彬等，2005）。然而，新疆地区大部分耕地及后备耕地受到干旱缺水、盐碱化、低温严寒、风沙等多种因素的影响，生态状况极其脆弱（王涛，2009），制约新疆绿洲农业的发展。绿洲农业的发展高度依赖灌溉，维持绿洲农业水土平衡、水盐平衡对绿洲农业及农田生态系统的健康具有重要作用（王志成等，2019）。新疆占全国 1/6 的陆地国土面积，仅匹配了全国 3%的水资源（中华人民共和国水利部，2020），失衡的水资源和耕地资源匹配问题加剧了水资源的供需矛盾，干旱缺水态势严峻。此外，新疆地区土壤盐分组成复杂（胡明芳等，2012），被称作世界盐碱地博物馆（田长彦等，2016）。据全国第二次土壤普查资料，新疆各类盐碱土总面积约 2180.48万 hm^2，占全国盐碱土总面积的 1/3 以上。北疆表层土壤含盐量一般为 0.5～4 $g \cdot kg^{-1}$，最高可达 10 $g \cdot kg^{-1}$，南疆多为 4～10 $g \cdot kg^{-1}$，最高可达 80 $g \cdot kg^{-1}$（王振华，2014）。其中，受盐碱危害的耕地面积 122.88 万 hm^2，占耕地总面积的 30%以上，占低产田面积的 63.20%（杨柳青，1993）。盐碱化是限制绿洲农业区土壤生产力提升的主要因素。

新疆绿洲区休耕期长达半年，冬季漫长而寒冷，冻融过程中土壤盐分的表聚是绿洲灌区土壤次生盐渍化的重要原因之一（Sun et al., 2021a; Šarapatka et al., 2018; Luca, 2015）。季节性冻土多位于纬度高于 24°的地区，约占我国陆地国土面积的 53.5%（宋文宇，2016）。季节性冻土表现为冬季冻结、夏季融化，季节冻结层在地表几米范围内（徐学祖等，2001）。土壤冻融过程包括热量、水分的传输，水分的相变和盐分聚集（徐学祖等，2001），伴随物理、物理化学、力学现象及子过程，冻融过程中的能量传递和物质运输成为国内外水土科学的研究热点和重点（富广强等，2013）。低温胁迫下季节性冻融构成了冬春季节土壤特殊的水盐运动形式。在温度势、盐分势和水势的作用下，土壤水分由非冻层向冻结层迁移（Zhang and Wang，2001），冻结层盐分含量增加，盐分向上迁移。融化期气温回升，在强烈的蒸发作用下盐分剧烈表聚。冻融循环诱发的土壤盐分迁移受到土壤初始含盐量（Liu et al.，2021b；毛俊等，2021；崔莉红等，2019）、初始含水量（Tan et al.，2021）、土壤质地（秦艳，2020）、冻结速率（付强等，2019）、冻结温度和冻融循环次数（Wan et al.，2019）等因素的影响，加剧了问题的复杂性，探究冻融过程中水盐迁移规律已经成为目前防治土壤盐碱化的重要途径。

新疆是我国最大的优质棉、商品棉生产基地和出口基地（国家统计局农村社会经济调查司，2021），膜下滴灌技术在缓解新疆水资源矛盾、土壤盐碱障碍治理过程中发挥了极大作用。膜下滴灌技术是滴灌节水技术与地膜覆盖技术的有机结合，将灌水、施肥、施药、栽培、管理等一系列精准农业措施融为一体，是耕作模式和灌水方式的一场重大技术革命（马富裕等，2004；吕殿青等，2002；王全九等，2000）。新疆生产建设兵团（以下简称新疆兵团）从 1977 年开始进行滴灌的探索试验，1996 年在新疆兵团第八师成功实践，以后迅速发展，经历了大力推广阶段，推广与节水增效并存发展阶段，规模趋稳、提质、增效、内涵发展阶段，至今膜下滴灌技术成为当前新疆地区主要的灌水技术（王振华等，2020）。截至 2020 年末，新疆微灌面积达 $2.4×10^6$ hm^2，占新疆节水灌溉面积的 82.60%，占总灌溉面积的 50.93%（国家统计局和生态环境部，2019），是目前世界上面积最大的集中连片应用膜下滴灌区域（Wang et al.，2019），促进了生产力的大发展，解放了劳动力。

当前，膜下滴灌是新疆绿洲农业发展的必然选择。同时，新疆棉区也不断在向生态农业过渡（贡璐等，2011）。土壤质量的提高是绿洲生态农业发展的重要前提。诸多研究集中在作物生长季节，已有研究成果尚不能完全揭示原生盐碱荒地开垦为棉田后长期滴灌管理措施下非灌溉季节土壤盐分迁移及分布规律。播种时的土壤盐分含量及组分会直接影响春播春灌定额甚至全生育期的灌水管理。因此，本书围绕冻融及秋耕方式对新疆绿洲灌区长期膜下滴灌棉田土壤质量的影响，选取玛纳斯河流域下野地灌区不同膜下滴灌应用年限（开垦后一直应用膜下滴灌技术）棉田及邻近自然荒地为研究对象，阐明耕层土壤质量（物理质量、化学质量和生物质量）在长期应用膜下滴灌技术后的演变规律，探明季节性冻融对土壤质量的作用机理，明确不同秋耕方式对长期膜下滴灌棉田非灌溉季节土壤质量变化的调控机理，可为新疆绿洲灌区不同种植年限棉田地力的精准提升提供科学指导，为膜下滴灌技术的长期可持续应用提供理论依据。

1.2 国内外研究进展

1.2.1 节水灌溉对土壤质量的影响研究进展

1. 土地开垦对土壤理化性质的影响研究进展

土地开垦是在人类活动影响下自然生态系统向人工生态系统的转变，在转变过程中，土壤的生态功能、理化性质等发生剧烈改变。新疆耕地大部分都是通过开垦盐碱地而来的，自然生态系统被开垦为农田后，土壤水热条件剧烈改变，土壤物理结构及养分的流动和转化均受到影响。部分学者的研究结果显示，土地开垦后土壤有机质含量增加，适耕性提高（Liu et al.，2013；Shrestha and Lal，2008）。例如，Xie 等（2020b）研究发现滨海滩涂区土地围垦后土壤粒径逐年细化，pH 值、含盐量逐年下降，土壤质量提高。Adeli 等（2013）研究发现美国密西西比河流域煤矿复垦区土壤质量随着开垦年限的增加，大团聚体比例及总碳、有机碳、微生物量碳含量增加，土壤容重降低。孔君洽等（2019）、邓彩云等（2017）、张少民等（2018）、王振华等（2014）、刘谦（2007）分别以新疆绿洲灌区和河西走廊荒漠绿洲区为研究对象，对比不同开垦年限背景下农田耕层土壤有机碳储量的变化情况，发现滴灌开垦荒地土壤含盐量降低，盐分聚集层逐年下移，Na^+ 和 Cl^- 含量降低趋势明显，同时 $0\sim20$ cm 农田耕层土壤有机碳储量随着开垦年限的增加呈现增加趋势，土壤质量提高。土壤质量提高的主要原因在于肥料、植物残体及分泌物的长期输入提高了土壤团聚体活性有机碳含量，增加了土壤有机碳储量，耕作和灌溉改变农田小气候，提高了土壤适耕性，从而使土壤质量增加（Mustafa et al.，2022；马玉诏，2021；李辉信等，2008）。然而，另有学者研究发现土地开垦后土壤功能下降，土壤质量趋劣。例如，Zhao 等（2021）研究发现河北丘陵区草地开垦为玉米地后，大团聚体比例、土壤有机碳含量、总氮含量降低，耕种 10 a 后稳定。袁兆华等（2006）、张金波和宋长春（2004）研究发现黑龙江三江平原湿地开垦为农田后，土壤容重和比重随着耕种年限的增加而显著增加，孔隙度、田间持水量、大团聚体比例、大部分养分含量明显降低，土壤质量明显下降。李海强（2021）研究发现东北黑土区林地开垦为农田以后，土壤容重逐年增加，土壤养分肥力指标、物理环境指标均显著降低。张涛等（2012）研究显示青藏高原自然草地开垦后，$0\sim10$ cm 土层土壤容重显著降低，有机碳含量、全氮、全磷等养分属性随着种植年限的增加而降低。王科等（2018）与黄科朝等（2018）研究发现碳酸盐岩地区喀斯特土壤开垦为农田后，$0\sim20$ cm 土层土壤容重先增加后降低，在开垦 8 a 时达到最大值，有机质、全磷则表现为先降低后增加，土壤呈现酸化趋势，养分属性下降。赵江红（2010）研究发现内蒙古农牧交错带自然草地开垦为农田后，随着开垦年限的增加，土壤出现养分缺乏、酸化和沙化现象。王改兰等（2006）在黄土丘陵区开展 18 a 定位试验，发现长期单施化肥使土壤容重和孔隙度趋劣。Bronick 和 Lal（2005）研究发现长期施用化肥会增加土壤固孔比和土壤容重，从而降低土壤持水能力。Bakr 等（2012）研究指出在埃及沙漠区域进行土地开垦后，新垦土地生态脆弱，农业生产力提高缓慢。Li 等（2016）、Celik 等（2004）、Haghighi 等（2010）研究指出当林地开垦为耕地后，养分储量、孔隙度、饱和导水率和大团聚体比例均会减少。土壤性质的变化是一个复杂的过程，上述结论相悖的原因与开垦前未扰动土壤性质（草地、林地、湿地、盐荒地或弃耕地）、开垦年限和耕种方式密切相关。将土壤有机质丰度、土壤质量较高的自然土壤开垦为耕地后，农田土壤生态环境抗干扰能力减弱，土壤质量呈逐年降低态势，土壤易受侵蚀，从而出现荒漠化、盐碱化、贫瘠化；而将土壤肥力低、结构性差的土壤开垦为耕地后，土壤质量和适耕性则呈逐年增加态势。

2. 节水灌溉对土壤物理质量的影响研究进展

绿洲化是指干旱区在人为因素和自然因素共同干预下由荒漠向绿洲转变的过程（王涛，2009）。以膜下滴灌技术为代表的节水灌溉措施是新疆绿洲农业发展的重要组成。土壤理化性质不仅是反映土壤质量的重要组成部分，而且对调控作物生长所需的水、肥、气、热、盐等生境因子具有重要作用（Murtaza et al., 2021；Chen et al., 2018；Indoria et al., 2016）。荒漠背景决定了绿洲灌区生态环境的脆弱性，土地开发利用方式和水肥管理措施很大程度上决定着绿洲农业土壤质量的发展方向。漫灌对表层土壤结构性的破坏较为严重（Rodrigo-Comino et al., 2020），因为漫灌在土壤中产生大量重力水，浸泡土壤，使土壤压实（Cerdà et al., 2021），原有结构遭到破坏，从而导致土壤容重增加，孔隙度降低。与漫灌相比，滴灌、喷灌、渗灌等节水灌溉方式使土壤体积质量降低，土壤的孔隙度、氧化还原电位和氧扩散率增加，有利于土壤的疏松透气（谷鹏等，2018；张西超等，2015；Connolly et al., 1999）。节水灌溉改变土壤粒径分布（Hu et al., 2011）。高鹏等（2008）研究指出，漫灌水流对土壤黏粒和粉粒冲刷严重，加速了土壤沙化的进程，节水灌溉条件下土壤砂粒含量较漫灌条件下低 7%左右，而土壤黏粒和粉粒含量则高 30%以上。节水灌溉是水肥一体化的重要载体，随着灌溉年限的增加，施肥年限也在增加，长期施肥后，土壤有机质含量增加，土壤持水能力增强，土壤总孔隙度提高（邓超等，2013；Mustafa et al., 2022；Qaswar et al., 2022；王改兰等，2006）。土壤物理性质与土壤肥力密切相关，是土壤养分保持的基础（Tisdall et al., 1982；Sarker et al., 2018），土壤水稳性团聚体的含量与土壤有机质含量呈正相关（Qi et al., 2021；李珊等，2022；Chenu et al., 2000；章明奎等，1997；魏朝富等，1995；关连珠等，1991），研究表明滴灌能够提高表层土壤水稳性团聚体的含量和大小（Hondebrink et al., 2017；柴仲平等，2008；袁德玲等，2009），有利于提高作物水肥利用效率。目前，节水灌溉对土壤物理性质的影响研究多集中在短时间尺度上，探究长时间尺度上节水灌溉技术对土壤水稳性团聚体组成、稳定性及有机碳在土壤团聚体中分布变化的影响，对节水灌溉技术的可持续发展、调控管理土壤有机碳库和定向培育土壤肥力具有十分重要的意义。

3. 节水灌溉对土壤化学质量的影响研究进展

宋计平等（2016）通过设置膜下滴灌与常规畦灌两个处理，发现膜下滴灌能降低土壤电导率，减缓土壤酸化进程，稳定土壤 pH 值，同时提高土壤的通气性和含水量，降低土壤容重，改变各土层的营养分布。水分是盐分运动的载体，滴灌属于局部灌溉，灌水参数对土壤水盐分布具有重要影响。对灌水参数的研究多集中在 21 世纪初。王全九等（2000）将滴头下方土壤分为脱盐区和积盐区，同时又根据作物对土壤盐分的生长响应将脱盐区分为达标脱盐区和未达标脱盐区；李毅等（2003）、李明思等（2006）、周宏飞和马金铃（2005）、吕殿青等（2002）针对滴灌点源入渗和线源入渗水分在土壤中的运动特点做了详细研究，发现湿润体形状与入渗时间、滴头流量、土壤质地、灌水定额、初始含水率息息相关。单次灌水或者短时间内滴灌能够有效淋洗耕层土壤盐分，然而滴灌并不能将盐分排出土体。关于长期应用滴灌是否同样起到脱盐效果，存在相反的结果。其中，有学者研究发现长期应用滴灌同样能起到脱盐效果，如王振华等（2014）研究了长期膜下滴灌棉田土壤水盐运移规律，发现在灌溉作用下，单个地块土壤盐分运动对流作用显著，多次灌水后土壤盐分整体下迁，随着膜下滴灌应用年限的增加，土壤盐分经历快速脱盐阶段、稳速脱盐阶段、盐分稳定阶段，并提出膜下滴灌应用年限越长，土壤含盐量越低。类似地，卢响军等（2011）将开垦荒地土壤剖面盐分演变划分为迅速脱盐期、过渡期和缓慢脱盐期，荒地开垦 8 a 后，土壤剖面平均含盐量降低到 4 g·kg^{-1}，脱盐率达 85.3%，盐分被淋洗到中底层土壤中，土壤盐分呈底聚型分布。也有学者研究发现长期滴灌并不能使土壤脱盐，土壤积盐的趋势未改变。例如，罗毅（2014）在玛纳斯河灌区调查了 50 个已知滴灌年限的土壤剖面，发现在原荒地基础上进行滴灌呈脱盐趋势，土壤含盐量呈幂指数下降，年均下降 0.90 g·kg^{-1}；在原耕地基础上长期滴灌的土壤含盐量呈上升趋势，年均增长 2.36 g·kg^{-1}。虎胆·吐马尔白等（2009）认为土壤盐分随着膜下滴灌应用年限增加而增加，土壤盐分聚集在 30～60 cm 土层。罗亚峰等（2011）认为膜下滴灌棉田在 0～60 cm 土层深度内表现为积盐，并在 50 cm 左右处土壤含盐量达到峰值。张伟等（2008）认为滴灌使作物根层土壤形成低盐区，土壤盐分随着土壤深度的增加呈先增后减的趋势，并在 60 cm 处达到峰值，同时，滴灌时间越长，土壤中盐分积累越多。Wang 等（2008b）研究发现自

1983～2005 年，新疆耕地土壤含盐量增长了 40.04%。Zhang 等（2013）研究发现，灌水前，盐分主要聚集在 0～5 cm 土层，单次灌水后，盐分主要累积在 40～80 cm 土层。以往的研究大多针对单一地块或区域尺度的盐分分布，这些重要研究丰富了滴灌发展的内涵。节水灌溉是干旱区绿洲发展的必然选择，但如何在实现节水灌溉的同时确保绿洲土地利用的可持续，相关研究仍然缺乏。

4. 节水灌溉对土壤生物质量的影响研究进展

在农田系统中，作物作为第一生产者，将部分光合作用产物通过根系和植物残体转移到土壤中，为土壤微生物的活动提供能量，促进微生物的生长和新陈代谢（朱丽霞等，2003）。土壤中的微生物作为有机质的分解者，参与土壤动植物残体的分解、生物地球化学循环和土壤结构的形成（任天志，2000），在土壤养分的分解转化、碳氮循环、调节作物生长及维持土壤生态系统的稳定方面发挥着重要作用（Tao et al., 2020）。作物与根际微生物相互依存、相互促进，这种作物与微生物之间的相互作用维系了农田生态系统的生态功能。土壤微生物特性包括土壤微生物数量、群落结构、土壤酶活性等指标（李娟等，2008）。土壤的微生物特性对土壤性质变化敏感，通过土壤微生物特性变化评价土壤健康质量状况已成为研究热点。在农田生态系统中，土壤微生物对作物-土壤物质循环和能量流动起着重要的作用。Wang 等（2008a）研究发现土壤微生物的数量与土壤含水量呈二次抛物线关系，说明适宜的土壤含水量有助于根际微生物的生存，土壤含水量过低或者过高都会抑制根际微生物的生存。同时，在分根区固定灌溉处理中，干旱侧土壤微生物数量少于湿润侧，说明湿润的土壤环境有利于微生物生长繁殖。Gu 等（2019）研究发现，在西北干旱区，垄膜沟灌节水措施能提高根际土壤的温湿度，同时显著提高根际土壤的酶活性和微生物的丰富度，促进根的生长、氮的吸收、作物的产量。赵祥等（2019）通过对比滴灌与自然降雨两种人工种植苜蓿田中土壤细菌的多样性及群落结构，发现土壤细菌的丰度与土壤全磷、全钾、有机质、碱解氮、有效磷等的含量呈显著正相关，滴灌提高了苜蓿根际土壤中细菌的多样性和丰度。Zhang 等（2019）通过研究不同种植年限下根际微生物多样性与土壤质量的关系，结果显示土壤 pH 值随着种植年限的增加而减小，同时与根际微生物群落组成有很强的相关性。不同栽培年限对土壤细菌的多样性、丰富度和群落组成有显著影响。膜下滴灌技术作为一种有效的盐碱土改良措施，其应用提高了土壤含水量、温度、营养物质含量，减轻了土壤盐碱化水平，改善了土壤微生物生存环境（Liu et al., 2021a；Hu et al., 2021；Han et al., 2018；Li et al., 2015）和土地生产能力（Zhang et al., 2020a）。土壤中的酶主要来自动植物、微生物及其分泌物和残体的分解物，酶活性的高低与土壤生态系统的稳定性和土壤生产密切相关。Wang 等（2018b）研究发现磷酸酶活性极易受到灌溉的影响。Kocyigit 和 Genc（2017）与 Díaz 等（2021）研究发现灌水方式影响土壤酶活性，与沟灌相比，滴灌显著增加碱性磷酸酶和脱氢酶活性。大量研究结果均显示，合理的滴灌能够提高土壤酶活性，促进植物对养分的吸收和利用（Ma et al., 2021；Zhang et al., 2014；Wang et al., 2018b）。自膜下滴灌技术规模化应用以来，新疆耕地面积和滴灌面积迅速增长，自然荒地开垦为耕地后，在耕作、灌水、施肥共同影响下，土壤物理质量和肥力质量发生显著改变。然而，由于灌水施肥制度不合理等原因，随着耕种年限的增加，土壤环境恶化现象逐渐显现，次生盐碱化频发（Wang et al., 2019），土壤微生物多样性降低，诱发生态环境退化（Zong et al., 2022）。随着开垦年限的增加，耕层土壤微生物群落结构与生态学功能改变，不仅影响作物产量和品质，同时使土壤健康状况下降（董艳等，2009）。

1.2.2 季节性冻融对土壤质量的影响研究进展

1. 季节性冻融对土壤物理质量的影响研究进展

季节性冻融被认为是干旱区土壤侵蚀的重要原因（Sun et al., 2021a）。冻融循环引起土壤水分发生相变变化，从而改变土壤体积、土体的孔隙比（Mohanty et al., 2014; Fu et al., 2016）。在土壤冻结的过程中，固态土壤水比例增加，土壤体积增大，引起孔隙度增加、土壤容重减小（Dagesse，2010）。Jiang 等（2019）在试验中发现，冻融循环 20 次以后，土壤孔隙度由 7.8%增加到 23.34%。有研究发现，土壤容重随着冻融循环次数的增加呈现缓慢减小的趋势，而孔隙度变化则与之相反，但最后均能基本趋于稳定值，且土壤容重减幅随着初始含水率升高而增大，冻融强度越大，效应越明显（范昊明等，2011；Dagesse，2010；刘佳等，2009）。趋于稳定状态后，土壤质地对土壤容重的影响显著，而与初始容重无关（杨成松等，2003）。温美丽等（2009）研究发现，在含水量相同的条件下，经过冻融循环后初始容重较小的土壤容重会增大，反之初始容重较大的土壤经过冻融循环后容重减小，而中等容重的土壤则变化不明显。一般来说，土壤容重与孔隙度呈负相关关系，但肖东辉等（2014）研究发现，对于黄土而言，随着冻融循环次数的增加，孔隙度呈先减小后增大，然后趋于稳定的变化规律。季节性冻融作用后耕作区黑土土壤总孔隙度显著降低（王恩姮等，2010）。因此，季节性冻融对土壤容重和孔隙度的影响可能受到土壤质地、土样采集时间以及试验条件等因素影响而有不同表现。季节性冻融通过土壤水冻结时冰晶的膨胀改变颗粒之间的联结，破坏土壤团聚体的大小、分布和稳定性，通过冻融循环将土壤大团聚体破碎成小团聚体（孙辉等，2008；王洋等 2013）。季节性冻融对团聚体的影响程度主要由冻结温度和冻融循环次数决定（Fu et al., 2016; Sun et al., 2018），同时受到土壤类型、土壤初始含水量、团聚体大小等因素的影响（Zhang et al., 2021；Oztas and Fayetorbay, 2003）。国内对季节性冻融对团聚体稳定性的影响开展了大量研究，其研究结果不尽相同，季节性冻融对土壤团聚体既有积极作用，也有消极作用（Sahin et al., 2008）。Perfect 等（1990）研究发现季节性冻融能够促进粉壤土团粒结构的形成，提高土壤团聚体的稳定性。金万鹏等（2019）研究发现冻融循环次数能够改变不同粒径土壤团聚体含量，适宜的土壤含水量能够提高土壤团聚体稳定性。然而，许多学者的研究结果与之不同，Staricka 和 Benoit（1995）对 96 种土壤进行试验，结果显示有 85 种土壤冻融循环后团聚体稳定性降低，而且冻结作用对含水量高的土样中的大团聚体稳定性破坏强度比微小颗粒更大（Van Bochove et al., 2000）。Sahin 和 Anapali（2007）研究发现在冻融循环过程中，当土壤电导率较高、可交换性的钠离子含量较低时将显著降低团聚体稳定性，且冻融循环次数越多，团聚体稳定性越低。也有研究表明，经过 15 次冻融循环后，壤土、风沙土和细砂壤土的团聚体稳定性均显著降低（Edwards, 2010）。冻融作用破坏土壤基本结构，从而降低土壤大团聚体含量及其稳定性，但是也有一些研究发现冻融循环可以增加土壤团聚体稳定性，这主要是由于试验控制条件、土壤质地不同导致的，土壤团聚体稳定性的变化是各种因素综合作用的结果。

2. 季节性冻融对土壤化学质量的影响研究进展

溶质在土壤中的运移机理主要包括对流、分子扩散和机械弥散等（Brady and Weil, 2002；Liu et al., 2021b；Bing et al., 2015）。大量研究表明，季节性冻融促进土壤盐渍化的产生（谭明东等，2022；Tian et al., 2021; Wu et al., 2019）。冻融条件下的水盐变化情况及其机理十分复杂。张殿发和郑琦宏（2005）将冻结过程中土壤剖面划分为冻结层、似冻结层和非冻结层。土壤在冻结过程中，在水势、盐分势和温度势的综合作用下，非冻结层的水分和盐分向冻结层聚集，土壤盐分表聚（Zong et al., 2022；邹杰，2021；由国栋等，2017；Zhang and Wang, 2001）。由冻融循环诱发的土壤盐分积累量受土壤初始含盐量（Liu et al., 2021b）、初始含水量（Tan et al., 2021）、土壤质地（秦艳，2020）、冻结速率（付强等，2019）、冻结温度和冻融循环次数（Wan et al., 2019）等因素的影响。冻融作用影响土壤氮素的转化（常宗强等，2014）。部分研究指出，季节性冻融对土壤氮矿化有促进作用（Henry, 2008；陈哲等，2016）。土壤中氮矿化的主要来源是土壤中的微生物，由于冻融循环作用，细胞破裂，释放出矿质氮。Freppaz 等（2007）研究发现，土壤冻融循环过程使铵态氮含量增加，但与微生物对矿质氮的释放并不同步。冻融循环过程将土壤大团聚体破碎成小团聚体，使土壤中的可溶性矿质态氮和有机物质释放出来（任伊滨等，2013）。常宗强等（2014）提出冻融频率是影响土壤有机氮矿化的关键因素之一。邓娜（2016）在松嫩草地的研究发现，冻融作用可以提高土壤有机氮矿化过程，冻融强度和土壤含水量显著影响土壤无机氮含量，却对土壤全氮、全磷、碱解氮、有效磷等的含量无显著影响。但也有学者研究发现，冻融循环作用影响土壤氮素转化过程，使土壤含氮量降低（魏丽红，2004，2009）。冻融循环作用对土壤中的含氮量起到积极作用还是消极作用，因研究区域、土壤质地及研究模式的不同，研究结论目前尚不一致。冻融循环改变了土壤的理化性质，进而导致土壤对磷的吸附特性的改变（Edwards and Cresser，1992）。土壤颗粒的大小、温度等因素直接影响土壤对磷的吸附性能（Moore and Reddy，1994）。Freppaz 等（2007）研究发现冻融循环提高了土壤中总溶解磷的含量。Peltovuori 和 Soinne（2005）的研究结果显示，冻融作用没有改变湿润土壤对磷的释放能力，而干燥土壤对磷的释放能力显著增强。冻融过程中的土壤微生物和植物体内的磷是土壤中有机磷的主要来源。冻融作用使土壤生物细胞破裂，细胞液中的有机磷被释放到土壤中，成为土壤中总磷的主要组成成分。魏丽红（2004）研究发现，冻融循环作用会引起土壤中速效钾、有效钾含量的增加。也有研究显示，雪水融化产生的径流会造成土壤有效磷和总氮的损失（Wang et al.，2022）。

3. 季节性冻融对土壤生物质量的影响研究进展

关于冻融对土壤生物学性质的影响，目前国内外学者主要从微生物区系、数量、活性变化及其生理机制几个方面进行研究。研究表明，冻融循环能改变微生物的群落结构（Henry，2007）。孙嘉鸿等（2022）、周晓庆（2011）与胡霞等（2021）研究发现，冻结作用促进土壤微生物的死亡，控制微生物群落的演变方向。Finegold（1996）通过室内试验的分析表明，当土壤水处于冰冻状态时，冰晶迅速生成，导致微生物细胞膜和细胞壁机械损伤。Grogan 等（2004）的研究结果表明，经过土壤冻融循环，一部分微生物死亡，其死亡的细胞是其他残余微生物的重要有机物来源。因此，冻融作用后死亡的微生物会刺激残余微生物的活动，使其活性增强（Herrmann and Witter，2002；Koponen et al.，2006）。刘利（2010）对冻融条件下四川西亚高山-高山森林土壤的研究结果表明，细菌类微生物在经过季节性冻融后群落数量及其多样性都显著降低。Winter 等（1994）研究发现，土壤微生物活性与丰度对冻融循环的响应存在滞后性，表现在初始冻融阶段的微生物存活率急剧下降，而微生物数量的下降却发生在之后的冻融循环过程中。随着冻融循环次数的增加，细菌和真菌逐渐恢复活性（Sawicka et al.，2010；Feng et al.，2007）。

1.2.3 耕作方式对土壤质量的影响研究进展

1. 耕作方式对土壤物理质量的影响研究进展

通常认为下垫面温度是冻融过程产生的主要驱动因素，秋耕方式改变了下垫面局部气候，影响土壤能量的获得和输送，进而影响以水、热、盐、碳通量为主的土壤生态水文过程。土壤活动层是土壤与大气之间能量交换的纽带。秋耕方式通过改变土壤活动层物理结构和养分属性，影响土壤与大气之间水的循环和热能的输送（刘目兴等，2007），同时对土壤冻融循环过程中的物理过程、水分入渗、溶质运移、热量传导产生重要影响（付强等，2016）。秸秆覆盖使土壤与大气之间形成隔离层，起到减少土壤棵间蒸发、抑制盐分表聚、调节土壤温度的功能（孙开等，2021a；Du et al.，2020）。张音等（2020）和马梓翾（2018）研究发现，积雪深度与秸秆覆盖均改变冻融期土壤能量的收支平衡，减少土壤水热的变异。孙开等（2021a，2021b）研究发现，北疆的深翻+棉秆覆盖秋耕模式减缓了土壤的冻结速度。耕作显著改变土壤活动层物理结构，合理的秋耕方式不仅可以提高土壤质量，而且有利于土壤蓄纳更多的降水，提高土壤的抗风蚀和抗水蚀能力，有益于增加春播时的土壤墒情，缓解土壤水资源短缺（Estevam et al.，2021；唐文政等，2017；田洪艳等，2004）。侯贤清和李荣（2020）的研究结果表明，秋耕方式和覆盖措施的交互作用显著影响播种期的贮水量。Bogunovic 和Kisic（2017）研究发现，深耕能够提高盐碱地的水力性能，增加土壤的入渗能力和透气性，进而提高作物水分利用效率（Henry et al.，2018）。Zhang 等（2022）研究发现棉秆残茬还田减少土壤含盐量、pH 值和容重，增加土壤孔隙度，有利于作物根系的生长发育。秸秆还田（将秸秆埋入地表下>30 cm 土层内）可以促进土壤中团聚体的形成（闫雷等，2019），明显提高耕层土壤团聚体数量（张明伟等，2022）。李艳等（2019）研究发现，秸秆还田可以使黑土中≥0.25 mm 粒径的团聚体数量增加。也有研究结果表明，秸秆还田后具有减少 30～40 cm 土层土壤容重，增加土壤持水量的作用（王秋菊等，2019）。丁奠元等（2016）研究发现，土壤中施用氨化秸秆有利于促进土壤孔隙的进一步发育，使土壤已有的孔隙向着更大的孔隙转换，进而增加土壤的总孔隙度，同时秸秆对土壤孔隙的影响随着时间的延长会越来越明显。韩上等（2020）研究发现，秸秆还田可以降低因深耕扰动土体导致的大团聚体比例的下降，能保持土壤团粒结构的稳定。

较多研究表明，免耕具有提高土壤贮水量、饱和导水率，增加土壤碳固存，促进土壤团聚作用等优点（徐欣等，2022；Li et al.，2020a；Mondal et al.，2020；Song et al.，2016），短时间内应用有助于提高土壤质量（Afshar et al.，2022）。然而，目前学界对免耕的研究存在较大的争议。主要表现在免耕后土壤容重和压实度增加，根系的向下生长受到抑制（Kan et al.，2020）。虽然免耕有利于土壤的蓄水保墒，但是与此同时作物产量也有所降低（Guan et al.，2015）。此外，在新疆绿洲区，免耕后棉花残茬可能会加重春播作业的困难性。免耕还降低了土壤入渗率和累积入渗量，一定程度上阻碍了春季雪水对土壤盐分的淋溶，增加了西北干旱区春季土壤水蚀的风险（杨永辉等，2017）。深耕切断了土壤毛细管间的连通，阻碍水分蒸发和盐分表聚（王金才和尹莉，2011）。Wilson 等（2000）研究发现，免耕模式下土壤盐分聚集明显，2.5 cm 土层盐分离子较常规耕作增加

10%～160%。Zhang 等（2022）的研究结果显示，深松较免耕能够有效降低浅层土壤的含盐量、pH 值、土壤容重，具有提高作物产量的作用。秋季深耕深翻有利于杀死土壤中的病原菌、虫卵和清除杂草，是盐碱地改良的重要措施（王金才和尹莉，2011）。

2. 耕作方式对土壤化学质量的影响研究进展

秸秆中含有大量的有机质和诸多营养元素，秸秆还田不仅可以改善土壤结构，降低土壤容重，还能活化土壤有机磷，增加土壤氮、碳含量（韩上等，2020；高丽秀等，2015；Zhao et al.，2015；赵士诚等，2014）。郑重等（2000）测算了北疆棉田还田秸秆含有的养分，发现皮棉单产 1500 kg·hm^{-2} 的棉田有 6000～7500 kg·hm^{-2} 棉秆（除籽棉外的根、茎、叶、铃壳）还田，可增加有机磷 3127.5 kg·hm^{-2}。受到当地农户放牧活动的影响，南疆仅有约 2329.5 kg·hm^{-2} 棉秆有效还田。大量研究表明，秸秆还田有助于提高土壤有机质和全氮的含量，土壤有机质结构趋于脂肪化，土壤矿物结合对土壤有机质保护性增强，有机质稳定性升高（常汉达等，2019；田育天等，2019；王会等，2019；刘军等，2015）。深耕会降低土壤有机碳的含量，但是有机改良剂（vermicompost）的配施不仅会补偿这部分损失，而且使有机碳的含量显著增加（Ding et al.，2021）。大量针对作物生育季节的研究探讨了耕作方式对土壤理化性质和作物生长的影响（Estevam et al.，2021；Malecka et al.，2012；Madejón et al.，2009），但针对休耕期不同耕作方式对土壤质量的影响研究相对较少。

3. 耕作方式对土壤生物质量的影响研究进展

耕作方式和棉秆还田影响耕层土壤微生物群落结构和酶活性（Wang et al.，2021a；Ji et al.，2014；Su et al.，2020a，2020b；Ren et al.，2009）。Ji 等（2014）和程曼等（2019）研究认为深耕秸秆还田可以提高 0～40 cm 土层土壤微生物丰度和大部分酶活性，但是提高效果受土壤质地的影响。同时，Wang 等（2021a）、孔德杰（2020）、Ren 等（2009）和 Chen 等（2017）的研究结果表明，棉秆还田的促进作用受还田方式（2 a 或 3 a 还田一次）、秸秆还田量、土壤深度、试验地点、耕种年限的影响。王伏伟等（2015）的研究结果表明，秸秆还田增加了放线菌门（17.4%）和拟杆菌门（39.1%）的相对丰度，降低了变形菌门（4.0%）和酸杆菌门（25.5%）的相对丰度，而担子菌门的相对丰度随着秸秆还田量的增加呈先增加后减少的趋势。以上研究表明，适量的秸秆还田量还可以通过调控土壤微生物和作物根系代谢产物中的碳氮比提高土壤中碳的含量，从而改善土壤质量（Hu et al.，2018；Jin et al.，2020；韩新忠等，2012）。高洪军等（2021）研究发现，与传统耕作相比，免耕增加土壤真菌比例，提高微生物多样性。姬艳艳等（2013）与 Navarro-Noya 等（2013）的研究表明，短期耕作方式的改变不会对土壤微生物群落结构产生显著影响。目前，关于秋耕耕作方式和棉秆还田对春季播种时土壤微生物群落的研究相对较少。探明秋耕方式对绿洲灌区长期膜下滴灌棉田土壤微生物群落结构和酶活性的影响，优化耕作和棉秆还田制度，对提高土壤质量、实现棉花的稳产高产具有重要作用。

　　综上所述，冬春季节土壤返盐是土壤次生盐渍化的重要原因之一。冻结过程的盐分迁移是冻结层发育引起的盐分重新分配的结果，与土壤初始理化性质和下垫面局部气候条件密切相关。目前，大多研究成果集中于灌溉季节盐分的运移问题，已有研究成果尚不能完全揭示冻融过程长期膜下滴灌盐分时空迁移机制的问题。播种时的土壤含盐量、养分含量及物理结构将直接影响棉花生育期的灌水管理、作物长势和棉花产量。对于不同滴灌年限棉田，由于灌溉季节盐分的变化，与非灌溉季节的盐分迁移机制是否相同也值得关注。随着新疆绿洲灌区长期膜下滴灌技术的不断发展，灌区内棉田土壤质量的演变、风险及其可持续性受研究者和决策者的关注。然而，目前对新疆长期膜下滴灌棉田土壤演变特征的研究相对较少，缺乏不同种植年限棉田土壤基础数据，制约了新疆绿洲农业的生态可持续发展。本书针对新疆绿洲棉区长期应用膜下滴灌技术带来的土壤次生盐渍化、土壤质量下降等环境问题，对长期膜下滴灌应用棉田土壤质量演变特征及季节性冻融对土壤理化性质的影响开展全面系统的研究，对土壤质量状况进行综合评估，表征土壤演变特征，评价其生态与健康风险，研究结果有助于更加全面地揭示长期滴灌棉田土壤盐分时空演变规律及迁移机制，给决策者提供科学合理的解释和参考依据。

第2章 研究区概况与研究方法

2.1 试验区概况

2.1.1 总体概况

新疆位于中国西北边陲，地处欧亚大陆中心，四面距海均超过 2000 km，气候上常年受到西风带的影响，大陆性干旱气候明显（朱秉启等，2013）。水资源是限制区域农业发展最重要的因素。新疆年均降水量仅为 150 mm，但蒸发强度超过 1500 mm，南疆地区蒸发强度超过 3000 mm，气候干旱，蒸降比大，水资源比其他任何地区更为稀缺和珍贵。兵团垦区和农牧团场大多分布在新疆河流下游、沙漠边缘、盐碱腹地和边境线上，水利基础设施是兵团经济社会发展的生命线，是农业发展的基础保障。玛纳斯河灌区为新疆天山北麓玛纳斯河冲积平原上的大型灌区，是新疆最重要的农业灌溉区域之一。灌区土地总面积 47.88 万 hm²，其中耕地面积 17.58 万 hm²，园林面积 1.61 万 hm²，居民及其他用地面积 1.04 万 hm²，水域面积 2.03 万 hm²，未利用土地面积 25.62 万 hm²，节水灌溉面积比例占总面积的 90%以上。玛纳斯河灌区下设石河子灌区、下野地灌区和莫索湾灌区 3 个分灌区，其中下野地灌区位于玛纳斯河流域下游，是玛纳斯河灌区的重要组成部分，面积占玛纳斯河灌区的 1/3 以上。121 团驻地位于下野地灌区，地处天山北麓、准噶尔盆地西南底部、古尔班通古特大沙漠南缘、天山北坡经济带中段沙湾市境内，是新疆最早对膜下滴灌进行试验研究的团场。1996 年新疆生产建设兵团第八师职工将滴灌技术与地膜覆盖技术相结合，并成功进行大田试验，提出一系列膜下滴灌实用技术。1998 年，新疆天业股份有限公司在兵团专项经费支持下引进了成套滴灌设备，在吸收、改造、创新的基础上，逐步实现滴灌设备的国产化研究，取得了突破性进展，为田间滴灌技术的作物应用打下了基础。从 2000 年开始大规模开展田间推广，目前已取得显著成效。

2.1.2 典型研究地块概况

试验于 2019 年 10 月 31 日至 2021 年 4 月 1 日在下野地灌区 121 团老 6 连驻地（东经 85°33′~85°35′，北纬 44°48′~44°50′）进行（图 2-1）。研究区平均海拔 337 m，年均降水量 142 mm，年均蒸发量 1826 mm，属于典型的温带大陆性气候，冬季气温相对低且维持时间长；夏季气温高，蒸发旺盛。年平均气温

6.2℃，7 月平均气温最高，为 27.7℃，极端最高气温达 43℃，1 月平均气温最低，为-16℃，极端最低气温达-36℃。该地区光热资源丰富，年均日照时数 2860 h，无霜期平均 163 d。大于 0℃年平均积温 4181.2℃，大于 10℃年平均积温 3792.6℃。年均降雪天数、降雪量、降雪强度（12 月、1 月和 2 月）、积雪天数分别为 21.0 d、30.0 mm、1.4 mm·d^{-1}、95 d，土壤冻结深度为 1 m 左右。

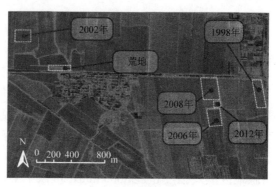

图 2-1　研究区位置

2.1.3　研究区气候

研究区气象数据由新疆塔城地区沙湾市炮台镇气象局提供，2019～2020 年和 2020～2021 年试验期内研究区日均降水量为 43.6 mm 和 56.5 mm，平均气温为-7.4℃和-8.2℃。试验期间日均降水量和气温动态如图 2-2 所示。

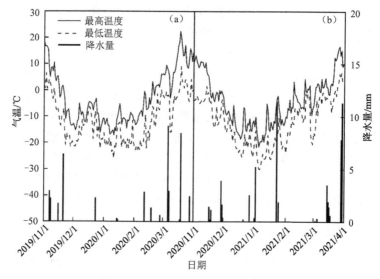

图 2-2　试验期间日均降水量和气温

注：（a）为 2019 年 11 月 1 日至 2020 年 4 月 1 日气象数据；（b）为 2020 年 11 月 1 日至 2021 年 4 月 1 日气象数据。

2.2　试　验　设　计

选择 5 块不同滴灌年限棉田（开垦年份依次为 1998 年、2002 年、2006 年、2008 年和 2012 年）及相邻盐碱荒地（未被开垦）为研究对象。在 2019～2021 年观测期内，1998 年地块滴灌应用年限为 21 a 和 22 a；2002 年地块滴灌应用年限为 17 a 和 18 a；2006 年地块滴灌应用年限为 13 a 和 14 a；2008 年地块滴灌应用年限为 11 a 和 12 a；2012 年地块滴灌应用年限为 7 a 和 8 a。试验地块膜下滴灌应用年限可扩展为 7～22 a。试验地块在开垦前均为盐碱荒地，土质以壤质为主，地下水埋深年内变化范围在 2～4 m，地下水的补充主要依靠地表径流入渗。

由于新疆兵团的特殊管理体制，各团场的灌溉制度基本类似，研究区的灌水制度在新疆特别是北疆具有较强的代表性。在灌溉季节，棉花灌溉定额为 815 mm，灌溉制度如表 2-1 所示。灌水矿化度在 0.4 g·L^{-1} 左右。棉花种植模式为当地常规的机采棉种植模式，即"1 膜 3 管 6 行"种植模式，棉花窄行的行距为 11 cm，宽行的行距为 66 cm，膜宽 205 cm，相邻 2 条地膜间距 60 cm（图 2-3）。棉花播种密度约为 $1.8×10^5$ 株·hm^{-2}。棉花每年 4 月上旬播种，10 月中旬收获。2019 年，棉花于 4 月 5 日播种，9 月 27 日收获，10 月 4 日打秆，10 月 28 日犁耕深翻；2020 年，棉花于 4 月 10 日播种，10 月 3 日收获，10 月 7 日打秆，10 月 27 日犁耕深翻。

表 2-1　灌溉季棉花灌溉制度

灌水时间	4 月	5 月	6 月	7 月	8 月	合计
灌水量/mm	135	50	195	280	155	815

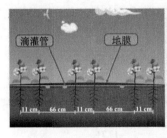

（a）"1 膜 3 管 6 行"种植模式示意图　　　（b）棉花播种期现场图　　　（c）棉花成熟期现场图

图 2-3　研究区棉花种植模式示意图与现场图

大田控制试验于 1998 年地块进行（试验期间对应开垦年限 21 a 和 22 a），试验采取裂区试验，主因素为 2 种耕作模式，分别为犁耕深翻（D）和免耕

（N）；副因素为棉秆还田方式，分别为棉秆粉碎还田（C）和不还田（N）。共计有犁耕深翻+棉秆还田（DC）、犁耕深翻+棉秆不还田（DN）、免耕+棉秆还田（NC）和免耕+棉秆不还田（NN）4 个处理，各处理重复 3 次。犁耕深翻深度为 40 cm，棉秆还田量为 1.71 kg·m^{-2}（根据棉花收获后残茬全量还田计算得到）。试验小区总面积 1200 m^2，各小区布置如图 2-4 所示。

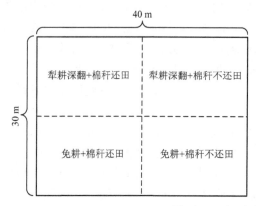

图 2-4　田间试验小区布置

　　研究区土壤属于氯化物硫酸盐不同程度盐化灰漠土。土壤质地大部分属于壤土（表 2-2），耕层（0～40 cm）平均容重为 1.42 g·cm^{-3}。耕层平均田间持水量和饱和含水率分别为 34.08% 和 40%。研究区地下水埋深为 4.5～5.3 m，地下水矿化度为 3.3～5.5 g·kg^{-1}（王振华，2014）。

表 2-2　不同膜下滴灌应用年限棉田土壤质地

开始应用膜下滴灌时间	土壤深度/cm	土壤粒级/%			土壤质地
		砂粒（0.02～2 mm）	粉粒（0.002～0.02 mm）	黏粒（<0.002 mm）	
1998 年	10	28.11	40.50	31.39	黏壤土
	20	22.23	40.45	37.32	黏壤土
	40	14.48	46.34	39.18	粉黏壤土
	60	20.22	44.39	35.39	粉黏壤土
	80	44.27	38.16	17.57	壤土
	100	64.36	26.32	9.32	砂壤土
2004 年	10	18.50	58.40	23.10	粉壤土
	20	20.49	62.10	17.41	粉壤土
	40	26.39	60.37	13.24	粉壤土
	60	16.50	64.31	19.19	粉壤土
	80	22.30	56.18	21.52	粉壤土
	100	38.22	38.48	23.30	壤土

开始应用膜下滴灌时间	土壤深度/cm	土壤粒级/%			土壤质地
		砂粒（0.02～2 mm）	粉粒（0.002～0.02 mm）	黏粒（<0.002 mm）	
2006 年	10	20.47	56.20	23.33	粉壤土
	20	18.24	56.44	25.32	粉壤土
	40	22.48	62.34	15.18	粉壤土
	60	28.30	50.31	21.39	壤土
	80	18.19	44.29	37.52	粉黏壤土
	100	14.38	46.40	39.22	粉黏壤土
2008 年	10	14.19	50.42	35.39	粉黏壤土
	20	20.19	38.24	41.57	黏土
	40	28.26	40.43	31.31	黏壤土
	60	26.30	40.15	33.55	黏壤土
	80	46.34	12.17	41.49	砂黏土
	100	62.23	8.48	29.29	砂黏壤土
2012 年	10	16.12	54.48	29.40	粉黏壤土
	20	16.14	52.10	31.76	粉黏壤土
	40	18.48	38.36	43.16	黏土
	60	30.26	28.37	41.37	黏土
	80	36.39	24.13	39.48	黏壤土
	100	44.13	20.36	35.51	黏壤土
自然荒地	10	48.49	36.22	15.29	壤土
	20	22.10	62.42	15.48	粉壤土
	40	20.27	44.13	35.60	粉黏壤土
	60	12.14	48.20	39.66	粉黏壤土
	80	10.14	30.35	59.51	黏土
	100	12.37	22.11	65.52	黏土

注：土壤质地分类参照美国制土壤质地分类标准（吴克宁和赵瑞，2018），土壤样品采集日期为 2019 年 10 月 15 日。

2.3　测定项目及方法

2.3.1　土壤水分

采用烘干法测定土壤水分。于棉花收获后至次年播种前，每隔 15 d 取样一次，采用土钻采集 0～10 cm、10～20 cm、20～30 cm、30～40 cm、40～50 cm、50～60 cm、60～70 cm、70～80 cm、80～90 cm、90～100 cm、100～120 cm、120～140 cm、140～160 cm、160～180 cm 和 180～200 cm 深度土壤样品。于各地块对角线方向 1/4、1/2、3/4 处选择取样区，为减少水平方向产生的

影响，每个取样区在垂直作物行方向选择间距 30 cm 的 3 个取样点，相邻取样点相同深度土壤混匀后装入铝盒和自封袋，带回实验室测定土壤含水量。

2.3.2　土壤盐分

取样地点和取样时间同土壤水分的测定。土壤含盐量采用电导率法测定。待自封袋中的土自然风干后，去除杂物，研磨后过 2 mm 筛，按照 5∶1 的水土比制备土壤浸提液，放入振荡瓶中于 150 次·$\min^{-1}$ 往复振荡机上振荡 5 min，通过澄清法获得浸提液。使用 DDS-11A（上海仪电科学仪器股份有限公司，上海，中国）电导率仪测量浸提液电导率。残渣烘干-质量法标定水溶性盐总量，含盐量与电导率的拟合方程为 $y=1.47766x$（$R^2=0.98$；$P<0.05$；$n=42$）（图 2-5）。

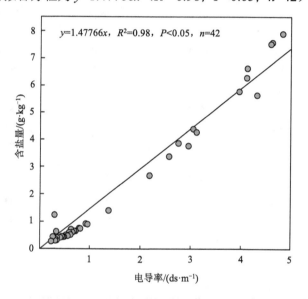

图 2-5　含盐量与电导率的拟合方程

2.3.3　土壤温度

土壤温度采用益墒（YM-G，邯郸市创盟电子科技有限公司，河北，中国）监测，传感器每小时采集并记录一次数据（温度范围 -30～70℃，测量精度 ±0.4℃，温度分辨率 0.05℃），传感器检测点位置为距地表 20 cm、40 cm、60 cm、90 cm 和 100 cm 深度。

2.3.4　土壤容重和孔隙度

在棉花收获后犁地前和播种前，于各地块机械挖掘深度约为 150 cm 的测坑，采用环刀法和吸管法测定土壤容重及土壤颗粒组成。取样位置同土壤水分的测定。取样深度为距地表 10 cm、20 cm、40 cm、60 cm、80 cm 和 100 cm。

土壤总孔隙度（total porosity，TP）根据以下公式计算得到（Aikins and Afuakwa，2012）：

$$TP = \left(1 - \frac{BD}{PD}\right) \times 100\% \tag{2-1}$$

式中，BD 为土壤容重，$g \cdot cm^{-3}$；PD 为颗粒密度，$g \cdot cm^{-3}$，比重瓶法测定（Aimrun et al.，2014）。

2.3.5　土壤三相比

棉花收获后及次年播种前，通过环刀于各地块采集耕层土壤原状土，采集深度为 10 cm、20 cm、40 cm、60 cm、80 cm 和 100 cm，土壤三相比通过土壤三相测定仪测定（DIK-1150，上海泽泉科技股份有限公司，上海，中国），取样位置同土壤水分的测定。

2.3.6　机械稳定性团聚体

在棉花收获后及次年播种前，于各地块（取样位置同土壤水分的测定）采集土壤样品。每 10 cm 为间隔取 0～40 cm 土层原状土，装入硬质塑料盒带回实验室。挑拣石块、植物残体、残膜后沿自然纹理轻轻掰成 1 cm³ 土块，自然风干后将样品混匀过 8 mm 筛，过筛后用四分法称取 200 g 土壤导入套筛中（孔径依次为 2 mm、1 mm、0.5 mm 和 0.25 mm），通过干筛仪（1400 $r \cdot min^{-1}$，8411 型电动振筛机，绍兴市上虞区华丰五金仪器有限公司，浙江，中国）振荡 3 min 后，记录各粒径（>2 mm、1～2 mm、0.5～1 mm、0.25～0.5 mm 和<0.25 mm）质量。

2.3.7　水稳性团聚体

用四分法称取 50 g（过 8 mm 筛后）土壤样品置于套筛中（孔径依次为 2 mm、1 mm、0.5 mm、0.25 mm、0.106 mm 和 0.053 mm），将套筛放入装满蒸馏水的桶中，浸泡 10 min 后上下振荡 10 min（振幅为 3 cm）。后取出套筛将各级筛网上的团聚体全部缓慢冲洗到硬质塑料盒中，澄清后倒掉上清液，于 50℃下烘至恒重，记录各粒径团聚体（>2 mm、1～2 mm、0.5～1 mm、0.25～0.5 mm、0.106～0.25 mm、0.053～0.106 mm 和<0.053 mm）质量。

2.3.8　团聚体的平均重量直径和几何平均直径

用平均重量直径（mean weight diameter，MWD，mm）和几何平均直径（geometric mean diameter，GMD，mm）表征土壤团聚体的稳定性，计算方式如下（李海强，2021）：

$$\text{MWD} = \sum_{i=1}^{n} x_i \times w_i \tag{2-2}$$

$$\text{GMD} = \exp\left[\frac{\sum_{i=1}^{n} w_i \times \ln x_i}{\sum_{i=1}^{n} w_i}\right] \tag{2-3}$$

式中，x_i 为第 i 级团聚体的平均直径，mm；w_i 为第 i 级团聚体质量占团聚体总质量的百分数，%。

2.3.9　土壤有效磷

采用磷钼蓝法进行有效磷的测定（赵娇，2020）。土壤样品自然风干后过 2 mm 筛，称取 2.5 g 土壤样品置于干燥的 150 mL 锥形瓶中，加入 50 mL 碳酸氢钠（0.5 mol·L^{-1}）浸提。用封口膜封口后，置于恒温往复振荡机振荡 30 min（200 r·min^{-1}），用双层无磷滤纸过滤。倒掉初滤液，从滤液中取 10 mL 缓慢加入 0.5 mL 浓盐酸，气泡完全去除后利用全自动间断化学分析仪（CleverChem Anna，DeChem-Tech. GmbH，汉堡，德国）检测分析。其中，R1 为 26 g·L^{-1} 钼酸铵溶液；R2 为 10%抗坏血酸溶液。检测原理为通过 0.5 mol·L^{-1} 碳酸氢钠溶液（pH=8.5）浸提土壤中的磷，磷在酸性条件下与钼酸铵溶液反应生成黄色的磷钼盐锑络合物，再用抗坏血酸还原成磷钼蓝，在 880 nm 波长处比色。

2.3.10　土壤全氮、全碳、有机碳

在棉花收获后及次年播种前取 0～40 cm 土层土壤，每 10 cm 为一层次，去除石块、残膜、植物残体后于室内阴凉处自然风干。风干后的土壤研磨后过 0.1 mm 筛，用万分之一天平称取 100 mg 土壤样品，用锡箔纸包裹，土壤总碳、总氮和碳氮比采用 CN802（VELP，蒙扎，意大利）测定。总氮采用杜马斯燃烧法测定，总碳采用非色散红外法测定。

称取 100 mg 过 0.1 mm 筛后的均质土壤样品放入银箔，使用注射器向土壤样品中加几滴 2 mol·L^{-1} HCl，并至少放置 1 h。然后将土壤样品置于 50℃烘箱烘至恒重。加热时再次加入 1 滴 HCl，若样品产生气泡则重新进行上述流程，若无气泡产生则继续烘干后上机（CN802，同上）。此时，土壤样品并不含无机碳，测得的总碳等同于有机碳。

2.3.11　微生物多样性测序

在棉花收获后（2020 年 11 月 1 日）及次年播种前（2021 年 3 月 31 日），采集各地块 0～20 cm 土层土壤样品，取样位置同土壤水分的测定。取样过程中土壤样品存放于自制冰盒并带回实验室，用于测定土壤微生物性质。

1. 土壤微生物量碳和潜在硝化速率

土壤微生物量碳通过氯仿熏蒸浸提法测定（卢虎等，2015）。按以下公式计算土壤微生物量碳：

$$EC = \frac{N(V_0 - V) \times 0.003 \times 100 \times F}{M} \tag{2-4}$$

式中，N 为 $FeSO_4$ 的浓度；V_0 为空白液消耗 $FeSO_4$ 的数量，mL；V 为提取液消耗 $FeSO_4$ 的数量，mL；F 为稀释倍数；M 为土壤的干质量，g。

$$BC = 0.38 \times \Delta EC \tag{2-5}$$

式中，BC 为土壤微生物量碳，$mg \cdot kg^{-1}$；0.38 为校正系数；ΔEC 为熏蒸前后 $0.5\ mol \cdot L^{-1} K_2SO_4$ 提取的碳的差值。

取 5 g 新鲜土壤样品振荡培养 24 h 后，通过 $2\ mol \cdot L^{-1}$ KCl 浸提并用比色法测定浸提液中 NO_2^--N 浓度，以 NO_2^--N 浓度变化表征土壤潜在硝化速率（Kurola et al., 2005）。

2. DNA 提取

采用 OMEGA Soil DNA Kit（D5625-01）（Omega Bio-Tek，诺克罗斯，佐治亚州，美国）提取样品宏基因组 DNA。通过 0.8%琼脂糖凝胶电泳进行分子大小判断，通过紫外分光光度计（Thermo Fisher Scientific，沃尔瑟姆，马萨诸塞州，美国）对 DNA 进行定量。

3. 16S rRNA 扩增

采用正向引物 799F（5′-AACMGGATTAGATACCCKG-3′）和反向引物 1193R（5′-ACGTCATCCCCACCTTCC-3′）对细菌 16S rRNA 基因 V5~V7 区域进行聚合酶链式反应（polymerase chain reaction，PCR）扩增。7 bp barcode（身份标签序列）插入前引物用来区分同一文库中的不同样品。PCR 的配制包含 5 μL 反应缓冲液（5 倍）、0.25 μL 快速 pfu-DNA 聚合酶（5 U·μL）、2 μL dNTPs（2.5 mmol·L^{-1}）、1 μL 正向引物和反向引物、1 μL 模板 DNA 和 14.75 μL ddH$_2$O。将 PCR 反应所需要的成分配制完成后，在 PCR 仪上于 98℃预变性 5 min，然后进行 25 次扩增循环。在每次循环中，首先于 98℃温度下保持 30 s 使模板变性，然后于 53℃温度下保持 30 s 使引物与模板充分退火，将温度再次提高到 72℃保持 45 s，使引物在模板上延伸，完成一次循环。最后于 72℃保持 5 min 使产物延伸完整。扩增结果进行 2%琼脂糖凝胶电泳，切取目的片段后用爱思进（Axygen，硅谷，美国）凝胶回收试剂盒回收。

4. ITS 扩增

采用正向引物 ITS1F（5′-CTTGGTCATTTAGAGGAAGTAA-3′）和反向引物 ITS2R（5′-GCTGCGTTCTTCATCGATGC-3′）对真菌 ITS1 区域进行 PCR 扩增。7 bp barcode 插入前引物用来区分同一文库中的不同样品。ITS 扩增所需 PCR 的配制与 16S rRNA 扩增相同。将 PCR 反应所需要的成分配制完成后，在 PCR 仪上于 98℃预变性 5min，然后进行 28 次扩增循环。在每次循环中，首先于 98℃保持 30 s 使模板变性，然后于 55℃保持 30 s 使引物与模板充分退火，将温度再次提高到 72℃保持 45 s，使引物在模板上延伸，完成一次循环。最后于 72℃保持 5 min 使产物延伸完整。扩增结果进行 2%琼脂糖凝胶电泳，切取目的片段然后用 Axygen 凝胶回收试剂盒回收。

5. PCR 产物定量、混样和测序

PCR 扩增产物使用 Vazyme VAHTSTM DNA Clean Beads （Vazyme，南京，中国）纯化后，使用 Quant-iT PicoGreen 双链 DNA 分析试剂盒（Invitrogen，卡尔斯巴德，加利福尼亚州，美国）利用 Microplate reader（BioTek, FLx800）对 PCR 产物进行定量，然后按照每个样品所需的数据量进行混样。

微生物组生物信息使用 QIIME2 2019.4 测定，根据官方教程（https://docs.qiime2.org/2019.4/tutorials/）轻微修改。原始序列数据通过 Demux plugin 解译，使用 Cutadapt plugin（Martin et al., 2011）进行引物切割。然后，使用 DADA2 plugin（Callahan et al., 2016）对序列进行质量过滤、去噪、合并。通过 QIIME2 测定 Alpha 多样性（Chao1、Simpson、Pielou-e 和 Goods-coverage）；使用 Jaccard metrics（Jaccard, 1908）分析 Beta 多样性。

2.3.12　土壤呼吸和累积 CO_2 排放量

土壤 CO_2 排放通量采用 LI-COR 810（LI-COR，林肯，美国）测定，气室高 15 cm，室内体积 0.004755 m^3，自棉花收获后至次年播种前，每隔 15 d 测量一次。测量时将气室平放在土壤表面，用土将气室周围密闭，测量于当天 11:00～13:00（北京时间）进行。

累积 CO_2 排放量出以下公式计算（Singh et al., 1999）：

$$A = \frac{\sum (M_i + M_{i+1})}{2} \times (t_{i+1} - t_i) \times 24 \qquad (2\text{-}6)$$

式中，A 为 t 至 t_{i+1} 时段内累积 CO_2 排放量，$mg \cdot m^{-2}$；t 为棉花收获后的天数；M 为 CO_2 排放通量，$\mu g \cdot (m^2 \cdot h)^{-1}$。

2.3.13　土壤酶活性

在棉花收获后（2020 年 11 月 1 日）及次年播种前（2021 年 3 月 31 日），采集各地块 0～20 cm 与 20～40 cm 土层土壤样品，取样位置同土壤水分的测定，用于测定土壤脲酶、磷酸酶、蔗糖酶、纤维素酶和过氧化氢酶活性。

1. 脲酶

土壤脲酶活性通过苯酚钠-次氯酸钠比色法测定（王奕然，2020）。称取 5 g 土样置于 50 mL 三角瓶中，加 1 mL 甲苯，振荡均匀，15 min 后加 10 mL 10%尿素溶液和 20 mL 柠檬酸盐缓冲溶液（pH=6.7），摇匀后在 37℃恒温箱中培养 24 h。培养结束后过滤，取 1 mL 滤液加入 50 mL 容量瓶中，再加 4 mL 苯酚钠溶液和 3 mL 次氯酸钠溶液，随加随摇匀。20 min 后显色，定容。1 h 内在分光光度计上于 578 nm 波长处比色。

2. 磷酸酶

土壤磷酸酶活性通过磷酸苯二钠比色法测定（黄思奇等，2020）。称 5 g 土样置于 200 mL 三角瓶中，加 2.5 mL 甲苯，轻摇 15 min 后，加入 20 mL 0.5%磷酸苯二钠（磷酸酶用乙酸盐缓冲液，中性磷酸酶用柠檬酸盐缓冲液，碱性磷酸酶用硼酸盐缓冲液），仔细摇匀后放入恒温箱，于 37℃下培养 24 h。然后，在培养液中加入 100 mL 0.3%硫酸铝溶液并过滤，吸取 3 mL 滤液于 50 mL 容量瓶中，按绘制标准曲线方法显色。用硼酸缓冲液时，呈现蓝色，于分光光度计 660 nm 波长处比色。

3. 蔗糖酶

土壤蔗糖酶活性采用 3,5-二硝基水杨酸比色法测定（郭俊姆，2015）。称取 5 g 土壤置于 50 mL 三角瓶中，注入 15 mL 8%蔗糖溶液，5 mL 磷酸缓冲液（pH=5.5）和 5 滴甲苯。摇匀混合物后，放入恒温箱，在 37℃下培养 24 h。培养结束后取出，迅速过滤。从中吸取滤液 1 mL，注入 50 mL 容量瓶中，加 3 mL DNS 试剂，并在沸腾的水浴锅中加热 5 min，随即将容量瓶移至自来水流下冷却 3 min。溶液因生成 3-氨基-5-硝基水杨酸而呈橙黄色，最后用蒸馏水稀释至 50 mL，并在分光光度计上于 508 nm 波长处进行比色。

4. 纤维素酶

土壤纤维素酶活性通过 3,5-二硝基水杨酸比色法测定（李艳楠，2012）。称 10 g 土壤置于 50 mL 三角瓶中，加入 1.5 mL 甲苯，摇匀后放置 15 min，再加 5 mL 1%羧甲基纤维素溶液和 5 mL 乙酸盐缓冲液（pH=5.5），将三角瓶放入

37℃恒温箱中培养 72 h。培养结束后，过滤并取 1 mL 滤液，然后按绘制标准曲线显色法比色测定。

5. 过氧化氢酶

土壤过氧化氢酶活性通过紫外分光光度法测定（李维，2016）。称取 2 g 土样置于三角瓶中，加入 40 mL 蒸馏水，加入 5 mL 0.3% H_2O_2 溶液，在振荡机上振荡 20 min。取下后迅速加入饱和铝钾矾溶液 1 mL，立即过滤于盛有 5 mL 1.5 mol·L^{-1} 硫酸溶液的三角瓶中。滤干后，将滤液直接在 240 nm 波长处用 1 cm 石英比色皿测定吸光度。土壤过氧化氢酶活性通过以下公式计算：

$$E = \frac{A_e \times T}{W} \tag{2-7}$$

$$A_e = A_0 - A_s + A_k \tag{2-8}$$

$$T = \frac{C_V}{A_0} \times \frac{51}{V_0} \times 17 \tag{2-9}$$

式中，E 为土壤过氧化氢酶活性；T 为单位吸光度，相当于过氧化氢的毫克数；W 为土样重量；A_0 为无土对照，即空白溶液的吸光度；A_s 为样品溶液的吸光度；A_k 为无基质对照溶液的吸光度；C 为高锰酸钾的浓度；V 为空白溶液所用高锰酸钾标准滴定溶液的体积。

2.3.14　土壤质量指数

土壤质量评价参数隶属度采用分布式隶属函数计算（杨维鸽，2016），土壤容重、固相比例、含盐量和 pH 值与土壤功能呈负相关，采用降型分布函数计算隶属度，计算公式如下：

$$M(X_i) = \frac{X_{ij} - X_{i_{min}}}{X_{i_{max}} - X_{i_{min}}} \tag{2-10}$$

剩余评价参数与土壤功能呈正相关，采用升型分布函数计算隶属度，计算公式如下：

$$M(X_i) = \frac{X_{i_{max}} - X_{ij}}{X_{i_{max}} - X_{i_{min}}} \tag{2-11}$$

式中，$M(X_i)$ 为各土壤参数评价指标的隶属度；X_{ij} 为各土壤参数评价指标；$X_{i_{min}}$ 和 $X_{i_{max}}$ 为评价指标 i 的最小值和最大值。

土壤质量指数（soil quality index，SQI）通过以下公式计算：

$$SQI = \sum M(X_i) \times W_i \tag{2-12}$$

式中，$M(X_i)$ 为土壤质量评价参数 i 的隶属度；W_i 为对应权重。

2.4　数据处理与分析

本章使用 Excel 2020 进行数据处理；使用 SPSS Statistics 22.0（SPSS Inc., 芝加哥，美国）进行方差分析（analysis of variance，ANOVA）、相关性分析和主成分分析，通过 Shapiro-Wilk（S-W）检验判断数据的正态性。对于满足正态分布的数据采用最小显著差数（least-significant difference，LSD）进行多重比较，当两组数据样本间 $P<0.05$ 时，认为有显著性差异。通过 Canoco 5（Microcomputer Power，绮城，美国）进行冗余分析（redundancy analysis，RDA）；采用 Origin 2021（OriginLab Corporation，北安普敦，美国）绘图。

第3章 长期滴灌对棉田土壤质量的影响

土壤是农田生态系统中重要的物质基础，为作物生长提供了水、肥、气、热等必需的物质及能量。维护和改善土壤质量、保持和提高土壤生产能力对农业的生态可持续发展及作物的稳产高产至关重要（王清奎和汪思龙，2005；Türkmen et al.，2013）。新疆地区作为滴灌系统应用最早也是最为广泛的地区，应用面积已超3600万亩（2020年），并且在膜下滴灌技术方面累积了大量经验。大田滴灌技术的发展推动了新疆生产建设兵团建设全国节水灌溉示范基地及农业现代化进程，奠定了兵团各项事业发展的基础（王振华等，2020）。膜下滴灌技术发展至今已有近30 a的时间，盐碱地长期膜下滴灌棉田土壤质量演变问题一直受到学者的广泛关注，并成为影响干旱绿洲区农业生产、绿洲生态稳定和膜下滴灌技术可持续应用的关键因子。有研究表明未垦地开垦为耕地后表层土壤容重增加、土壤孔隙度降低（李海强，2021；Liu et al.，2017；Shrestha and Lal，2008；Osunbitan et al.，2005）、土壤团粒结构受到破坏（Qi et al.，2018；Wei et al.，2013）。但是也有研究结果与之相悖，如土地开垦会降低表层土壤容重，提高土壤孔隙率（Yu et al.，2014；Li et al.，2018）和大团聚体比例（Cheng et al.，2021；Shrestha and Lal，2008）。土壤性质的变化受多方面因素影响，上述结论相悖的原因与开垦前未扰动土地利用类型（草地、林地、湿地、盐荒地或弃耕地）、开垦年限和耕种方式密切相关。新疆绿洲农业区耕地大多是从盐碱土改良而来的，对绿洲灌区农田土壤物理质量的研究大多集中在短时间尺度上（郑亚楠，2021；刘慧霞等，2021；宰松梅等，2011），对长期膜下滴灌应用条件下土壤质量演变过程少见报道。

本章选择北疆典型绿洲区玛纳斯河流域下野地灌区 121 团未垦荒地和 1998年、2004 年、2006 年、2008 年和 2012 年开垦耕地（开垦后土地利用始终为膜下滴灌棉田）为研究对象，探究长期膜下滴灌耕种对土壤物理质量、化学质量和生物质量的影响，阐明长期膜下滴灌棉田土壤质量演变规律，研究结果对西北干旱区长期膜下滴灌可持续应用及新疆棉花持续稳产高产具有重要意义。

3.1 长期滴灌对土壤物理质量的影响

3.1.1 长期滴灌对土壤容重的影响

各地块浅层土壤容重小于深层土壤容重，滴灌年限对土壤容重产生显著影响

（表 3-1）。荒地 0~40 cm 和 40~100 cm 土层土壤平均容重分别为 1.68 g·cm^{-3} 和 1.73 g·cm^{-3}，膜下滴灌棉田 0~40 cm 和 40~100 cm 土层土壤容重为 1.33~1.57 g·cm^{-3} 和 1.42~1.66 g·cm^{-3}。土地开垦显著降低土壤容重，与荒地相比，膜下滴灌棉田中 0~40 cm 和 40~100 cm 土层土壤容重分别降低 6.55%~20.83% 和 4.05%~17.92%。荒地开垦为耕地后，随着滴灌年限的增加，土壤容重首先呈减小态势，在滴灌 12 a 时达到最低，为 1.44 g·cm^{-3}，然后随着滴灌年限的进一步增加而增加。0~40 cm 和 40~100 cm 土层土壤容重与滴灌年限均可用二次函数拟合（$R^2 > 0.7$；$P < 0.05$）（图 3-1），荒地开垦后土壤容重逐年降低，直到 13~14 a 最低，分别为 1.40 g·cm^{-3} 和 1.49 g·cm^{-3}（求解值），之后土壤容重随滴灌年限增加而增加。

表 3-1　不同滴灌年限棉田的土壤容重　　　　（单位：g·cm^{-3}）

土壤深度/cm		土壤容重					
		荒地	1998 年	2004 年	2006 年	2008 年	2012 年
2019 年	0~10	1.82±0.02a	1.38±0.01c	1.31±0.03e	1.34±0.00d	1.41±0.02b	1.35±0.01d
	10~20	1.68±0.00a	1.51±0.09b	1.39±0.02bc	1.31±0.10c	1.45±0.08b	1.46±0.10b
	20~40	1.70±0.02a	1.50±0.01b	1.46±0.00b	1.46±0.04b	1.50±0.09b	1.50±0.05b
	40~60	1.74±0.11a	1.55±0.03b	1.49±0.02b	1.43±0.02c	1.52±0.06bc	1.48±0.05bc
	60~80	1.67±0.07a	1.55±0.07b	1.49±0.00bc	1.45±0.04c	1.41±0.05c	1.54±0.04b
	80~100	1.70±0.08a	1.50±0.02b	1.57±0.06ab	1.54±0.03b	1.45±0.16b	1.51±0.04b
	0~40	1.74±0.01a	1.46±0.03b	1.39±0.01c	1.37±0.04c	1.45±0.03b	1.44±0.02b
	40~100	1.71±0.05a	1.53±0.03b	1.52±0.02bc	1.47±0.00cd	1.46±0.02d	1.51±0.02bc
2020 年	0~10	1.53±0.05a	1.40±0.11ab	1.36±0.09b	1.34±0.07b	1.38±0.10b	1.43±0.05ab
	10~20	1.63±0.05a	1.48±0.09bc	1.46±0.02bc	1.39±0.03c	1.40±0.04c	1.49±0.02b
	20~40	1.70±0.03a	1.55±0.04b	1.49±0.02b	1.42±0.02c	1.42±0.02c	1.54±0.06b
	40~60	1.69±0.01a	1.56±0.05bc	1.47±0.09cd	1.44±0.04d	1.43±0.03d	1.56±0.06b
	60~80	1.74±0.05a	1.61±0.06b	1.51±0.07b	1.46±0.03b	1.50±0.05b	1.60±0.08b
	80~100	1.78±0.05a	1.63±0.06b	1.56±0.10b	1.54±0.03b	1.56±0.07b	1.63±0.05b
	0~40	1.62±0.05a	1.48±0.08bc	1.44±0.05bc	1.38±0.04c	1.40±0.06bc	1.49±0.04b
	40~100	1.74±0.04a	1.59±0.05b	1.51±0.09bc	1.48±0.06c	1.50±0.05c	1.60±0.06b

注：样品采集时间为 2019 年 10 月 15 日和 2020 年 11 月 6 日，下同。
同列不同小写字母表示不同土层间在 $P < 0.05$ 水平差异显著，余同。

3.1.2　长期滴灌对土壤总孔隙度的影响

与土壤容重相反，各地块浅层土壤总孔隙度大于深层土壤总孔隙度（表 3-2），滴灌年限显著影响土壤总孔隙度。荒地土壤总孔隙度较小，0~40 cm 和 40~100 cm 土层土壤孔隙度分别为 38.73% 和 37.15%，膜下滴灌棉田 0~40 cm 和 40~100 cm 土层土壤总孔隙度分别为 42.85%~51.52% 和 39.51%~47.91%（图 3-2）。荒地开垦为棉田后，0~40 cm 和 40~100 cm 土层土壤总孔隙度分别提高 10.64%~33.02% 和 6.35%~28.96%。土壤总孔隙度随着滴灌年限的增加呈现先增

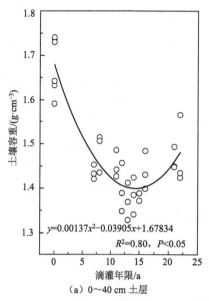
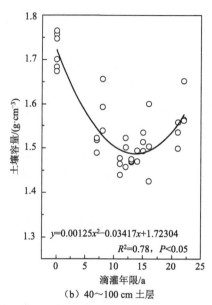

（a）0～40 cm 土层　　　　　　　　　　（b）40～100 cm 土层

图 3-1　土壤容重与滴灌年限之间的关系

表 3-2　不同滴灌年限棉田的土壤总孔隙度　　　　　　（单位：%）

土壤深度/cm		土壤总孔隙度				
		荒地	1998 年	2004 年	2006 年	2008 年	2012 年
2019 年	0～10	33.41±0.37e	49.79±0.26c	52.15±0.59a	50.98±0.06b	48.53±0.37d	50.80±0.16b
	10～20	38.61±0.05c	44.77±1.87b	49.32±0.32ab	52.35±2.04a	47.13±1.79b	46.62±2.20b
	20～40	37.88±0.49b	45.13±0.14a	46.65±0.09a	46.69±0.82a	45.38±1.88a	45.32±1.05a
	40～60	36.51±2.29c	43.40±0.54b	45.59±0.36ab	47.73±0.46a	44.43±1.27ab	45.87±1.05a
	60～80	38.88±1.41c	43.45±1.57b	45.61±0.07ab	47.23±0.88a	48.36±1.15a	43.80±0.75b
	80～100	37.86±1.77b	45.37±0.42a	42.85±1.29ab	43.79±0.68a	47.12±3.43a	44.89±0.86a
	0～40	36.63±0.11c	46.56±0.54b	49.37±0.30a	50.00±0.88a	47.01±0.65b	47.58±0.34b
	40～100	37.75±0.96c	44.07±0.63b	44.68±0.44b	46.25±0.06ab	46.64±0.40a	44.85±0.38b
2020 年	0～10	44.00±1.12b	48.93±2.32ab	50.26±1.86a	51.12±1.57a	49.63±2.16a	47.86±1.09ab
	10～20	40.39±1.02b	46.07±1.88ab	46.57±0.52ab	49.11±0.63a	49.06±0.81a	45.80±0.38b
	20～40	38.09±0.73d	43.48±0.86c	45.68±0.49c	48.28±0.50a	48.22±0.53b	43.67±1.29c
	40～60	38.20±0.21d	43.03±1.02bc	46.39±1.88ab	47.55±0.79a	47.87±0.58a	42.93±1.33c
	60～80	36.48±0.99c	41.89±1.18b	45.00±1.46ab	46.84±0.57a	45.30±1.12ab	41.70±1.63b
	80～100	34.98±1.09b	40.51±1.24a	43.15±2.21a	43.62±0.57a	43.08±1.49a	40.47±0.98a
	0～40	40.83±0.96c	46.16±1.68b	47.50±0.95ab	49.50±0.89a	48.97±1.16ab	45.78±0.92b
	40～100	36.55±0.75c	41.81±1.08b	44.84±1.84ab	46.00±0.62a	45.41±0.99a	41.70±1.26b

加后降低的趋势。通过拟合土壤总孔隙度与滴灌年限的关系，得出土壤总孔隙度在开垦 13～14 a 时最大，分别为 48.93%（0～40 cm）和 45.63%（40～100 cm）（求解值），随后逐年减小。

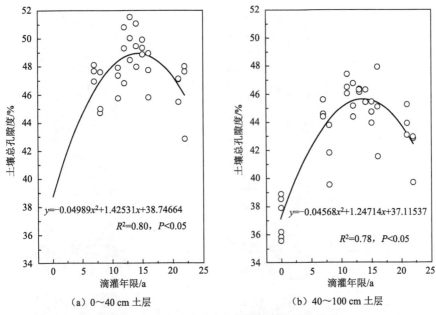

$y=-0.04989x^2+1.42531x+38.74664$

$R^2=0.80$, $P<0.05$

$y=-0.04568x^2+1.24714x+37.11537$

$R^2=0.78$, $P<0.05$

（a）0～40 cm 土层　　　　　　　　（b）40～100 cm 土层

图 3-2　土壤总孔隙度与滴灌年限之间的关系

3.1.3　长期滴灌对土壤三相比的影响

理想的土壤三相比能为作物的生长发育提供良好的水、肥、气、热等条件，适宜作物生长的土壤三相比（固相∶液相∶气相）一般认为是 50%∶25%∶25%。荒地的固相比例较高，液相和气相比例较低（图 3-3），如 2019～2020 年荒地 0～40 cm 土壤三相比平均为 62%∶13%∶25%。荒地开垦为耕地后，0～100 cm 土层土壤固相比例降低，液相比例增加，气相比例在 0～40 cm 土层显著增加。滴灌 22 a 棉田 0～40 cm 土壤三相比为 51%∶27%∶22%（2020 年播种季）和 49%∶20%∶31%（2021 年播种季），三相比接近最优。

比较荒地和膜下滴灌棉田土壤三相比垂向分布可得，随着土壤深度的增加，气相比例逐渐减少，而固相比例逐渐增加；荒地液相比例随着土壤深度的增加，总体上呈增加态势，而膜下滴灌棉田液相比例最大值多出现在 60 cm 土层。

长期膜下滴灌棉田土壤三相比与滴灌年限的函数关系如图 3-4 所示。0～40 cm 和 40～100 cm 土层土壤固相比例与滴灌年限呈显著二次函数关系。在滴灌 13 a 时，0～40 cm 和 40～100 cm 土层固相比例同时达到最低，分别为 47.78% 和 51.90%。荒地开垦后，0～40 cm 土层液相比例大幅增加，但在各棉田地块间未达到显著水平；40～100 cm 土层液相比例与滴灌年限成正比，但未达到显著水平。0～40 cm 土层土壤气相比例随着滴灌年限的增加呈先增加后减小趋势。与固相比例相反，在滴灌 13 a 达到最大值；滴灌年限未对 40～100 cm 土层土壤气相比例产生显著影响。

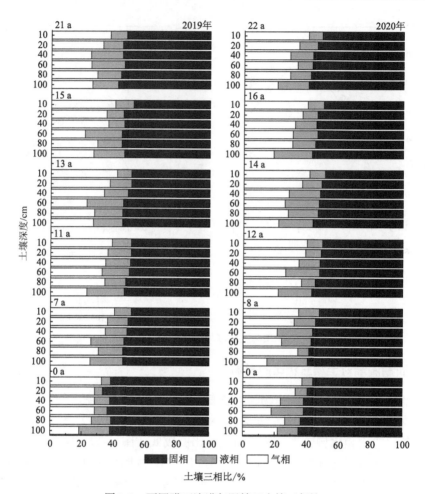

图 3-3　不同膜下滴灌年限棉田土壤三相比

注：样品采集时间为 2019 年 10 月 15 日和 2020 年 11 月 6 日。

3.1.4　长期滴灌对土壤水稳性团聚体的影响

荒地开垦为膜下滴灌棉田后，0～40 cm 土层土壤团聚体平均重量直径和几何平均直径显著下降，表明垦荒会破坏土壤团聚体的稳定性（图 3-5）。但是，随着滴灌年限的增加，团聚体平均重量直径和几何平均直径显著增加，表明长期膜下滴灌促进土壤大团聚体的形成，提高团聚体的稳定性。荒地 0～40 cm 土层水稳性团聚体平均重量直径和几何平均直径分别为 0.42 mm 和 0.18 mm，膜下滴灌棉田为 0.20～0.67 mm 和 0.10～0.28 mm。荒地开垦为膜下滴灌棉田后，0～40 cm 土层水稳性团聚体平均重量直径和几何平均直径在前 8 a 显著降低 0.22 mm 和 0.08 mm，之后随着滴灌年限的增加，平均重量直径和几何平均直径逐年增加，到膜下滴灌连续应用 22 a 棉田，0～40 cm 土层水稳性团聚体平均重量直径和几何平均直径分别为 0.66 mm 和 0.28 mm，较膜下滴灌连续应用 8 a 棉田分别显著提高了 0.46%和 0.19%，较荒地分别提高了 0.24%和 0.10%。

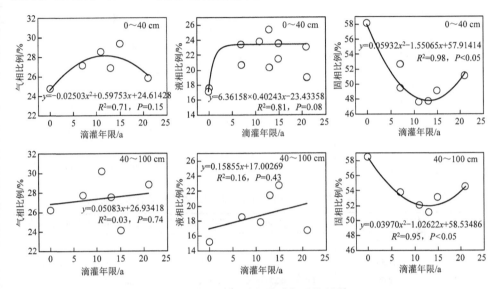

图 3-4　土壤三相比与滴灌年限的关系

注：土壤三相比为相同深度内两年的平均值。

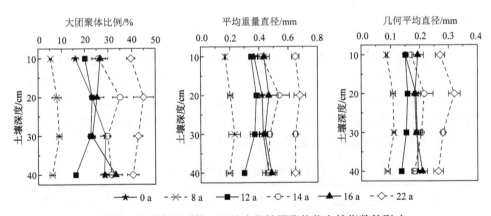

图 3-5　滴灌年限对棉田土壤水稳性团聚体稳定性指数的影响

团聚体稳定性指数平均重量直径和几何平均直径均随着滴灌年限的增加呈先降低后增加的态势（图 3-6），其中平均重量直径在开垦 3~4 a 时最低（0.27 mm），几何平均直径在开垦 5~6 a 时最低（0.11 mm）。

开垦后 14 a 区间内，团聚体结合态有机碳含量呈增加态势（表 3-3）。不同大小团聚体所吸附的有机碳不同。其中，有机碳集中在>2 mm 团聚体内，且随着粒径的减小，有机碳含量显著降低（$P<0.05$）。此外，在 10~40 cm 土层中，团聚体有机碳含量随着土壤深度的增加而显著降低（$P<0.05$）。

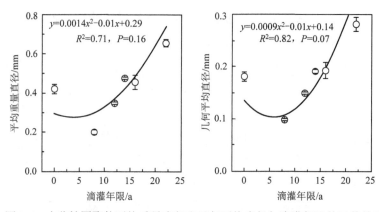

图 3-6　水稳性团聚体平均重量直径和几何平均直径与滴灌年限的函数关系

表 3-3　滴灌年限、粒径和土壤深度对团聚体有机碳含量的影响

滴灌年限/a	有机碳含量/(g·kg^{-1})	团聚体粒径/mm	有机碳含量/(g·kg^{-1})	土壤深度/cm	有机碳含量/(g·kg^{-1})
0	5.25e	>2	18.72a	10	11.03a
8	7.34d	0.25~2	8.37b	20	9.34b
12	9.68b	0.053~0.25	5.00c	30	7.72c
14	10.51a	<0.053	2.62d	40	6.62d
16	8.93c				
22	10.36a				

注：不同小写字母表示 5%水平差异显著。

　　团聚体内含盐量、pH 值与团聚体水稳性呈显著负相关，有机碳含量与团聚体水稳性呈显著正相关（表 3-4）。团聚体内有机碳含量与含盐量呈显著负相关。说明土壤含盐量越高，土壤越不易团聚，土壤的稳定性和抗侵蚀能力降低，而有机碳含量较高能够促进土壤颗粒的团聚。结果表明，长期滴灌通过提高有机碳含量和减少含盐量提高团聚体稳定性（表 3-3 和表 3-4）。

表 3-4　团聚体稳定性影响因素

相关系数	WSA$_{0.25}$	MWD$_w$	GMD$_w$	SOC	SSC	pH 值
WSA$_{0.25}$	1	0.977**	0.964**	0.281*	−0.415**	0.032
MWD$_w$		1	0.978**	0.288*	−0.383**	−0.039
GMD$_w$			1	0.264*	−0.375**	−0.066
SOC				1	−0.371**	0.142
SSC					1	−0.358**
pH 值						1

注：1. 表中数字为皮尔森相关系数。

2. WSA$_{0.25}$ 为湿筛下得到的大团聚体的比例；MWD$_w$ 为湿筛下平均重量直径；GMD$_w$ 为湿筛下几何平均直径；SOC 为各粒径平均有机碳含量；SSC 为各粒径平均盐分含量；pH 值为各粒径平均 pH 值。

* 在 P=0.05 水平下存在显著差异；** 在 P=0.01 水平下存在显著差异。余同。

3.1.5   长期滴灌对土壤水分分布的影响

本章选择典型地块棉花收获后土壤水分垂向分布分析滴灌年限对棉田土壤水分的影响（图 3-7）。所选地块分别为研究区开垦最早的地块（1998 年开垦）、新垦耕地（2012 年开垦）、土壤春季返盐严重地块（2004 年开垦）和原生盐碱荒地。结果表明，滴灌年限对土壤含水量无显著影响。各地块表层（0～20 cm）土壤含水量较低，总体上随着土壤深度增加呈先增加后减少的趋势，新垦耕地（滴灌年限为 7 a 和 8 a）30～50 cm 土层含水量相对较高，2004 年开垦耕地（滴灌年限为 15 a 和 16 a）120～140 cm 土层含水量相对较高。此外，原生盐碱荒地仅在 10 cm 处土壤含水量低于膜下滴灌棉田。

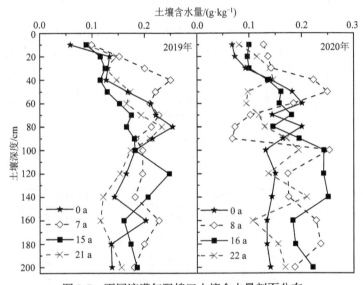

图 3-7   不同滴灌年限棉田土壤含水量剖面分布

注：取样时间分别为 2019 年 10 月 30 日和 2020 年 11 月 6 日。

3.2   长期滴灌对土壤化学质量的影响

3.2.1   长期滴灌对耕层土壤总氮的影响

滴灌年限对膜下滴灌棉田耕层土壤总氮含量的影响见图 3-8。荒地 0～20 cm 土层和 20～40 cm 土层土壤总氮含量分别为 0.12 g·kg⁻¹ 和 0.13 g·kg⁻¹。与荒地相比，膜下滴灌棉田 0～20 cm 土层土壤总氮含量提高 0.17～0.96 g·kg⁻¹，20～40 cm 土层土壤总氮含量提高 0.13～0.72 g·kg⁻¹。与荒地相比，0～20 cm 土层土壤总氮含量随着滴灌年限的增加而增加，年均增加量为 0.448 g·kg⁻¹（R^2=0.69，

$P<0.05$）。在 20～40 cm 土层，在开垦 14 a 以后，土壤总氮含量呈现出下降的态势。与开垦 14 a 地块相比较，膜下滴灌 15 a、16 a、21 a 和 22 a 地块在该土层的总氮含量分别降低了 0.49 g·kg⁻¹、0.37 g·kg⁻¹、0.22 g·kg⁻¹ 和 0.66 g·kg⁻¹。总体上，0～40 cm 耕层土壤平均总氮含量随着滴灌年限的增加呈现先增加后相对稳定的态势，但开垦 14 a 后土壤总氮含量呈下降态势（图 3-9）。

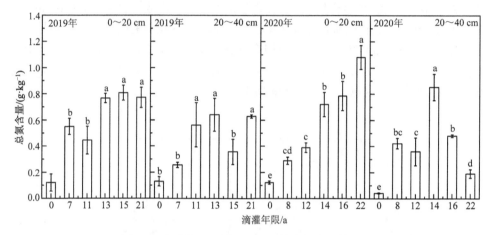

图 3-8　滴灌年限对棉田耕层土壤总氮含量的影响

注：不同小写字母表示 5%水平差异显著。余同。

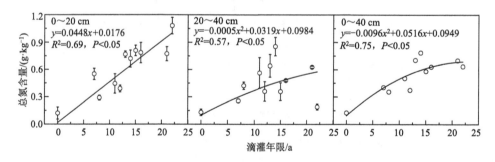

图 3-9　长期膜下滴灌应用棉田耕层土壤总氮含量的演变

3.2.2　长期滴灌对耕层土壤总碳的影响

滴灌年限对棉田耕层土壤总碳含量的影响见图 3-10。荒地 0～20 cm 土层和 20～40 cm 土层土壤总碳含量分别为 5.46 g·kg⁻¹ 和 5.17 g·kg⁻¹。与荒地相比，膜下滴灌棉田 0～20 cm 土层土壤总碳含量提高 4.62～8.75 g·kg⁻¹，20～40 cm 土层土壤总碳含量提高 4.41～9.20 g·kg⁻¹。与荒地相比，0～20 cm 土层土壤总碳含量随着滴灌年限的增加而增加，年均增加量为 0.42 g·kg⁻¹（R^2=0.72，$P<0.05$）。在 20～40 cm 土层，与总氮含量相似，开垦 14 a 以后，土壤总碳含量呈现下降态

势。与开垦 14 a 地块相比较，开垦 15 a、16 a 和 22 a 地块在该土层的总碳含量分别降低了 2.67 g·kg⁻¹、1.80 g·kg⁻¹ 和 2.32 g·kg⁻¹。总体上，0～40 cm 耕层土壤平均总碳含量随着滴灌年限的增加呈增加态势，年增长量为 0.33 g·kg⁻¹（图 3-11）。

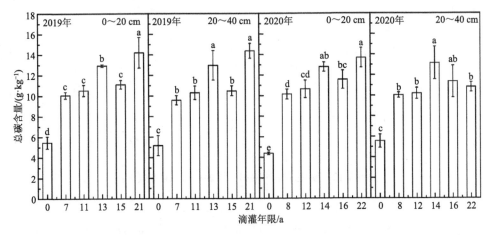

图 3-10　滴灌年限对棉田耕层土壤总碳含量的影响

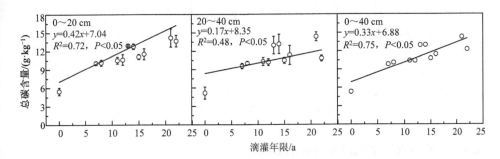

图 3-11　长期膜下滴灌应用棉田耕层土壤总碳含量的演变

3.2.3　长期滴灌对耕层土壤有效磷的影响

滴灌年限对棉田耕层土壤有效磷含量的影响见图 3-12。荒地 0～20 cm 土层和 20～40 cm 土层土壤有效磷含量分别为 2.37 mg·kg⁻¹ 和 2.79 mg·kg⁻¹。与荒地相比，膜下滴灌棉田 0～20 cm 土层土壤有效磷含量增加 17.35～22.63 mg·kg⁻¹，20～40 cm 土层土壤有效磷含量增加 2.34～14.00 mg·kg⁻¹。膜下滴灌棉田中 0～20 cm 土层土壤有效磷含量大于 20～40 cm 土层。除膜下滴灌 15 a 和 16 a 地块外，0～20 cm 和 20～40 cm 土层有效磷含量均随着滴灌年限的增加而增加。其中，0～20 cm、20～40 cm 和 0～40 cm 分别以每年 0.68 g·kg⁻¹、0.60 g·kg⁻¹ 和 0.72 mg·kg⁻¹ 的速度增加（图 3-13），表明长期膜下滴灌能够提高土壤有效磷的含量。

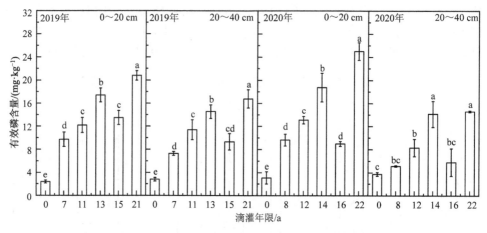

图 3-12　滴灌年限对棉田土壤表层有效磷的影响

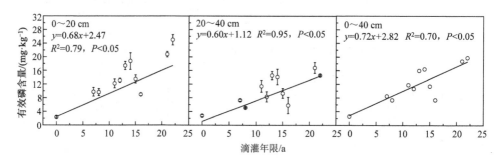

图 3-13　长期膜下滴灌应用棉田土壤表层有效磷的演变

3.2.4　长期滴灌对土壤盐分分布的影响

原生盐碱荒地受人为活动扰动较小，由于土壤上界面水分输入匮乏，盐分在强烈的蒸发拉力作用下向上运移，土壤非饱和带含盐量较高且呈现"表聚型"和"底聚型"分布（图 3-14），其中表层和底层土壤含盐量分别为 3.21～9.27 g·kg⁻¹ 和 3.94～8.10 g·kg⁻¹。原生盐碱荒地开垦为棉田后，土壤含盐量显著降低（$P<0.05$）。棉田 0～200 cm 土层土壤盐分分布具有明显的分层特征，其中 0～60 cm 土层和 100～200 cm 土层土壤含盐量较高（平均为 1.40 g·kg⁻¹ 和 2.03 g·kg⁻¹），60～90 cm 土层土壤盐分含量较小（平均为 0.76 g·kg⁻¹）。含盐量最大值出现在 120～140 cm 附近。0～40 cm 土层土壤盐分含量为 22 a<14 a<16 a<12 a<8 a<0 a，总体表现为滴灌应用年限越长，含盐量越低。40～100 cm 土层各地块土壤含盐量差异不显著（$P>0.05$）。滴灌应用年限显著改变 100～200 cm 土层土壤含盐量。与耕层土壤类似，滴灌年限越长，各土层含盐量越低。其中，滴灌 7～12 a 后，100～200 cm 土层含盐量依然较高，并显著高于滴灌 14～22 a 棉田。因此，膜下滴灌显著改变土壤盐分的分布状态，盐分逐年向深层迁移，滴灌应用年限越长，盐分随着土壤深度的变异越小。

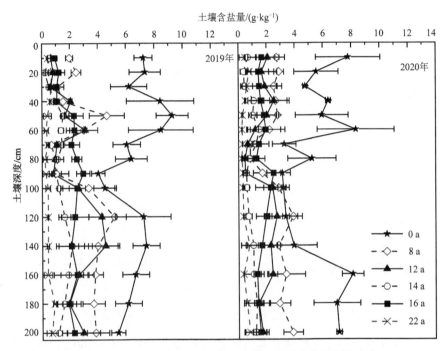

图 3-14 棉花收获后不同滴灌年限棉田土壤含盐量剖面分布

注：取样时间分别为 2019 年 10 月 30 日和 2020 年 11 月 6 日，下同。

3.2.5 长期滴灌对土壤储盐量的影响

原生盐碱荒地土壤储盐量较高，0～200 cm 土层土壤总储盐量平均达 188.90 Mg·hm^{-2}，其中 0～40 cm、40～100 cm 和 100～200 cm 土层储盐量平均为 38.67 Mg·hm^{-2}、53.54 Mg·hm^{-2} 和 96.68 Mg·hm^{-2}（图 3-15）。原生盐碱荒地开垦为耕地后，储盐量显著下降（$P<0.05$）。膜下滴灌棉田 0～200 cm 土层总储盐量平均为 50.75 Mg·hm^{-2}，较荒地显著降低 73.13%，其中 0～40 cm、40～100 cm 和 100～200 cm 土层储盐量平均为 7.06 Mg·hm^{-2}、11.27 Mg·hm^{-2} 和 32.42 Mg·hm^{-2}，较荒地分别降低 81.74%、78.95%和 66.47%。0～40 cm 土层土壤储盐量随着滴灌年限的增加呈波动降低趋势；40～100 cm 土层储盐量总体上随着滴灌年限的增加而降低，但仍有盐分积累的风险，如 2004 年开垦地块（试验期内对应滴灌年限为 15 a 和 16 a）的储盐量显著高于 2006 年（对应滴灌年限为 13 a 和 14 a）、2008 年（对应滴灌年限为 11 a 和 12 a）和 1998 年（对应滴灌年限为 21 a 和 22 a）开垦地块，与新垦耕地（2012 年开垦，滴灌年限为 7 a 和 8 a）无显著差异。在更深

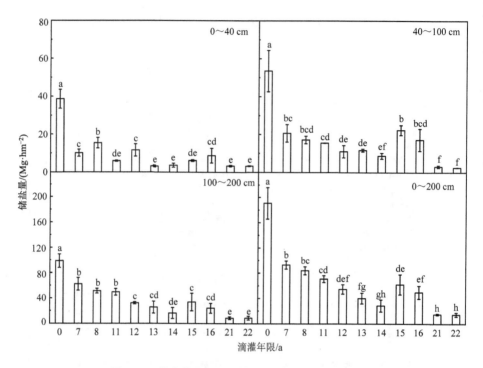

图 3-15　棉花收获后不同滴灌年限棉田土壤储盐量

土层（100～200 cm），荒地储盐量与耕地间的差值降低（0～100 cm 土层相比较），且膜下滴灌 12～16 a 土壤储盐量无显著差异（平均为 14.16 Mg·hm⁻²），但显著低于 7～11 a 储盐量（平均为 17.00 Mg·hm⁻²），降幅为 20.09%，膜下滴灌 21～22 a 储盐量进一步显著降低，平均值为 2.81 Mg·hm⁻²。在当地现行灌溉制度下，0～200 cm 土层总储盐量随着滴灌年限的增加呈指数函数降低趋势（图 3-16），开垦前 7 a 中，土壤总储盐量以每年 13.37 Mg·hm⁻² 的速率减少，开垦 8～22 a，土壤储盐量下降速率减慢，为 4.96 Mg·hm⁻²·a⁻¹。其中，0～40 cm、40～100 cm 和 100～200 cm 土层储盐量年平均下降速率分别为 1.61 Mg·hm⁻²、2.32 Mg·hm⁻² 和 4.00 Mg·hm⁻²。开垦 22 a 后，0～200 cm 土层土壤储盐量由 190.87 Mg·hm⁻² 降低到 14.52 Mg·hm⁻²，脱盐率为 92.39%；0～40 cm 土层土壤储盐量显著呈指数降低，由 38.67 Mg·hm⁻² 降低到 3.29 Mg·hm⁻²，脱盐率为 91.49%；40～100 cm 土层土壤储盐量显著呈指数降低，由 53.54 Mg·hm⁻² 降低到 2.56 Mg·hm⁻²，脱盐率为 95.22%；100～200 cm 土层土壤储盐量显著呈线性降低，由 98.66 Mg·hm⁻² 降低到 8.67 Mg·hm⁻²，脱盐率为 91.21%。0～40 cm、40～100 cm 和 100～200 cm 脱盐贡献度分别为 20.63%、28.91% 和 51.03%。

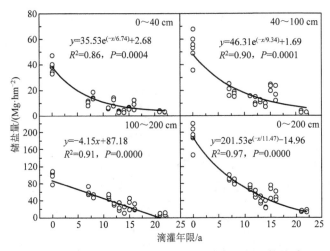

图 3-16　不同土层土壤储盐量与滴灌年限的函数关系

3.3　长期滴灌对土壤生物质量的影响

3.3.1　长期滴灌对土壤呼吸速率和累积 CO_2 排放的影响

土壤呼吸速率是衡量土壤肥力的重要参数。试验条件下（休耕期），土壤呼吸速率表现为随着时间延长先降低后增加的趋势，冻结期（12 月到次年 2 月）土壤呼吸速率相对较小（$0.052~mol·m^{-2}·d^{-1}$）且较稳定（图 3-17）。其中，11 月至次年 1 月，土壤呼吸速率由 $0.286~mol·m^{-2}·d^{-1}$ 下降到 $0.043~mol·m^{-2}·d^{-1}$（2019～2020 年），由 $0.365~mol·m^{-2}·d^{-1}$ 下降到 $0.036~mol·m^{-2}·d^{-1}$（2020～2021年）；次年 3 月以后随着气温回升和冻土层的消融，土壤呼吸速率由 $0.059~mol·m^{-2}·d^{-1}$ 增加到 $0.200~mol·m^{-2}·d^{-1}$（2019～2020 年），由 $0.068~mol·m^{-2}·d^{-1}$ 增加到 $0.328~mol·m^{-2}·d^{-1}$（2020～2021 年）。在未冻期、冻结期和融化期，膜下滴灌棉田土壤呼吸速率均显著高于荒地。相同时间内，棉田土壤呼吸速率随着滴灌年限的增加而呈现先增加后降低的态势，开垦 14 a 地块土壤呼吸速率最高。

不同滴灌年限棉田在非生育期的 CO_2 排放总量见图 3-18。荒地在非生育期内累积 CO_2 排放量为 $235.08~g·m^{-2}$（2019～2020 年）和 $156.66~g·m^{-2}$（2020～2021 年），膜下滴灌棉田为 $462.47～762.61~g·m^{-2}$（2019～2020 年）和 $437.95～985.16~g·m^{-2}$（2020～2021 年），与荒地相比，膜下滴灌棉田显著增加了 CO_2 排放量。比较各棉田地块发现，非生育期累积 CO_2 排放量随着膜下滴灌年限的增加呈先增加后减少的态势，其中开垦 14 a 地块 CO_2 排放量最大（$762.61~g·m^{-2}$ 和 $985.16~g·m^{-2}$），且显著大于开垦 22 a 地块。

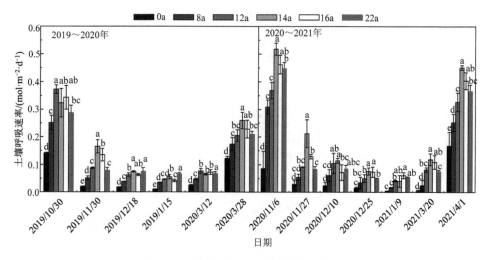

图 3-17 滴灌年限对土壤呼吸速率的影响

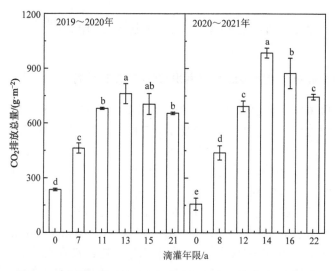

图 3-18 滴灌年限对棉田土壤非生育期 CO_2 排放总量的影响

3.3.2 长期滴灌对土壤微生物量碳的影响

各地块 0～20 cm 土层土壤微生物量碳含量均低于 20～40 cm 土层（图 3-19）。荒地开垦后，土壤微生物量碳含量显著降低，其中 0～20 cm 和 20～40 cm 土层降低幅度分别为 19.78%～54.67% 和 9.69%～21.91%。开垦 14～22 a 地块 0～20 cm 土层土壤微生物量碳含量显著大于开垦 8～12 a 地块，表明该土层土壤微生物量碳含量总体上随着滴灌年限的增加而增加。20～40 cm 土层土壤微生物量碳含量随着滴灌年限的增加呈波动变化。

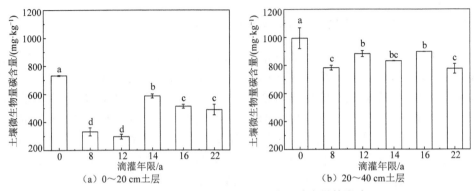

图 3-19　滴灌年限对土壤微生物量碳含量的影响

注：取样时间为 2020 年 11 月 6 日，下同。

3.3.3　长期滴灌对真菌和细菌高质量序列量和分类单元数的影响

高质量序列量表征样本所含物种的绝对丰度。不同地块 ITS rRNA 和 16S rRNA 高质量序列量分别为 117057~131622 和 55525~82300，说明滴灌年限显著影响真菌和细菌的数量（图 3-20）。与荒地相比，膜下滴灌棉田 ITS/16S rRNA 序列量在开垦后 9a 显著降低，之后随着滴灌年限的增加而增加。开垦 14 a 以后各地块间无显著差异（$P>0.05$）。膜下滴灌棉田中土壤微生物 ITS/16S rRNA 高质量序列量较荒地分别降低 3.81% 和 8.02%，表明荒地开垦降低了土壤微生物的数量。

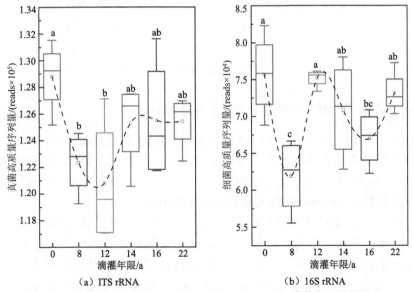

(a) ITS rRNA

(b) 16S rRNA

图 3-20　滴灌年限对土壤 ITS rRNA 和 16S rRNA 高质量序列量的影响

注：不含有相同小写字母表明组间差异在 $P=0.05$ 水平下存在显著性差异（LAD）。箱线图中自上往下的数据节点分别表示一组数据的上边缘、上四分位数、中位数、下四分位数和下边缘。虚线连接的点为数据的平均值。

3.3.4 长期滴灌对真菌和细菌分类单元数的影响

分类单元数表征样本中微生物群落丰度，分类单元数越多，表明微生物种类越多。荒地开垦后，膜下滴灌棉田中真菌和细菌的分类单元总数在开垦 13～15 a 总体上呈增加态势，之后降低（图 3-21）。膜下滴灌棉田中真菌和细菌的分类单元总数较荒地平均增加 39.57%和 18.76%，亚组（域、门、纲、目、科、属、种）的分类单元数在不同地块的分布相似，均表现为膜下滴灌棉田分类单元数量大于荒地，而随着开垦时间的增加，分类单元数呈先增加后降低的态势。此外，真菌分类单元在各地块间的变异系数为 15.44%，而细菌的变异系数为 8.72%，表明长期膜下滴灌对真菌分类单元的影响大于细菌。

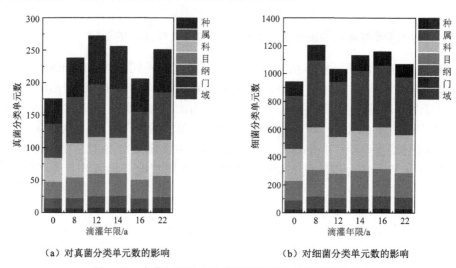

（a）对真菌分类单元数的影响　　　　（b）对细菌分类单元数的影响

图 3-21　滴灌年限对土壤真菌和细菌分类单元数的影响

3.3.5 长期滴灌对真菌和细菌 Alpha 多样性的影响

荒地开垦后真菌群落的 Chao1 指数和 Simpson 指数显著提高（$P<0.05$），表明荒地开垦后真菌群落多样性显著增加（图 3-22）。开垦后滴灌年限对棉田土壤真菌群落 Alpha 多样性无显著影响（$P>0.05$）。荒地和膜下滴灌棉田间 Goods-coverage 指数和 Pielou-c 指数无显著差异（$P>0.05$）。

长期膜下滴灌耕种对细菌群落 Alpha 多样性有显著影响（$P<0.05$）。荒地开垦后，Chao1 指数、Simpson 指数和 Pielou-e 指数均显著增加（$P<0.05$），Goods-coverage 指数显著降低（图 3-23）。相较于荒地，膜下滴灌棉田中细菌群落 Chao1 指数显著增加 92.08%～139.41%，Pielou-e 指数显著增加 10.09%～13.44%，Simpson 指数显著增加 2.49%～2.65%，Goods-coverage 指数显著降低 0.70%～1.25%，表明荒地开垦后，土壤细菌群落多样性增加。膜下滴灌应用 16 a 后，棉

田土壤细菌群落 Chao1 指数、Pielou-e 指数和 Simpson 指数降低，但差异未达显著水平（$P>0.05$），表明长期膜下滴灌有降低细菌群落多样性的风险。

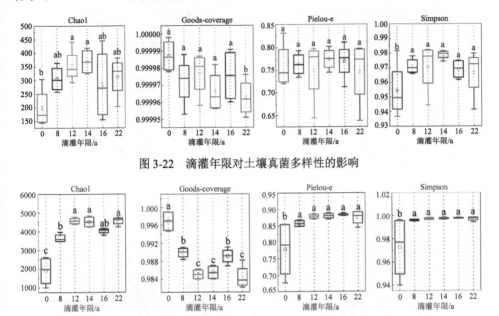

图 3-22　滴灌年限对土壤真菌多样性的影响

图 3-23　滴灌年限对土壤细菌多样性的影响

3.3.6　长期滴灌对土壤微生物物种组成的影响

滴灌年限影响土壤微生物物种组成（图 3-24 和图 3-25）。本章定义相对丰度>5%的物种为优势物种。荒地土壤中真菌群落的优势菌门是子囊菌门 Ascomycota（71.13%）、被孢菌门 Mortierellomycota（9.31%）和担子菌门 Basidiomycota（7.25%）。膜下滴灌棉田真菌群落的优势菌门与荒地一样，但其相对丰度有所不同。开垦 8～14a 后，担子菌门和被孢菌门的相对丰度增加到 19.83%和 14.61%，之后降低到 10.20%和 10.34%（开垦 22a 地块）。荒地开垦后，子囊菌门的相对丰度降低了 10.14%，担子菌门和被孢菌门的相对丰度分别增加了 100.91%和 31.18%。在荒地中，丰度最高的前 5 种真菌菌属分别是四枝孢属 Tetracladium（28.87%）、被孢霉属 Mortierella（9.31%）、枝孢瓶霉属 Cladophialophora（4.00%）、土赤壳属 Ilyonectria（3.64%）和尼斯利亚菌属 Niesslia（2.32%）（图中未显示）。在长期膜下滴灌棉田中，丰度最高的前 5 种真菌菌属分别是被孢霉属（12.22%）、青霉属 Penicillium（8.53%）、双子担子菌属 Geminibasidium（7.15%）、四枝孢属（6.17%）和枝孢瓶霉属（6.13%）。荒地开垦为膜下滴灌棉田后，四枝孢属相对丰度平均降低 78.63%，而被孢霉属、四枝孢属、青霉属、双子担子菌属和枝孢瓶霉属相对丰度均不同，相对丰度的峰值出现在膜下滴灌应用 12 a 棉田。

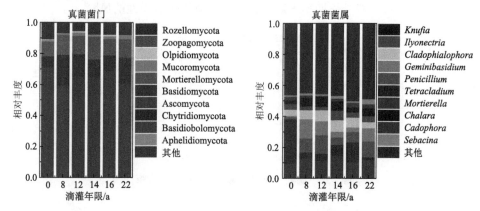

图 3-24　滴灌年限对真菌物种组成的影响

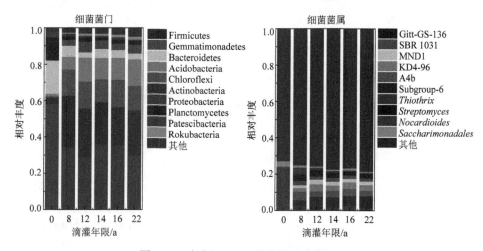

图 3-25　滴灌年限对细菌物种组成的影响

在荒地土壤中，细菌的优势菌门分别为变形菌门 Proteobacteria（58.29%）、拟杆菌门 Bacteroidetes（28.29%）和厚壁菌门 Firmicutes（9.02%），长期膜下滴灌棉田中细菌优势菌门分别为变形菌门（32.93%）、放线菌门 Actinobacteria（24.76%）、绿弯菌门 Chloroflexi（14.03%）和酸杆菌门 Acidobacteria（11.73%）。与荒地相比，长期膜下滴灌棉田中变形菌门、拟杆菌门和厚壁菌门相对丰度平均减少 32.93%、76.74% 和 87.18%；放线菌门、绿弯菌门、酸杆菌门和芽单胞菌门 Gemmatimonadetes 的相对丰度平均增加 21.20%、13.25%、10.62% 和 4.17%。荒地土壤中细菌优势菌属是丝硫菌属 Thiothrix（23.62%），除糖酸母属 Saccharimonadales（2.90%）外，其余菌属的相对丰度均小于 2%。

3.3.7　物种组间差异分析及演变进程

基于非量度多维尺度分析（non-metric multidimensional scaling，NMDS），通过二维排序图展示微生物群落的组成差异。图 3-26 中不同颜色的点代表各样本，两点之间的距离越近，则两样本中微生物群落的差异越小。真菌群落和细菌群落的 Stress 值分别为 0.104 和 0.0476（均<0.2），说明 NMDS 的计算结果可靠。其中，代表荒地的点与其余大部分点距离较远，表明荒地开垦对真菌群落产生较大影响。随着滴灌年限的增加，样本点总体呈从左向右移动。相似性分析（analysis of similarities，ANOSIM）表明，样本间真菌群落的组间差异显著大于组内差异（$R=0.33$，$P=0.001$），表明滴灌年限对真菌群落结构的演替有显著影响。横轴（NMDS1）把细菌群落分成左右两部分，荒地细菌群落与耕地差异较大，表明荒地开垦对细菌群落同样产生显著影响。滴灌棉田各地块间的细菌群落差异较小。多元方差分析同样表明滴灌年限显著影响土壤微生物群落物种组成（表 3-5 和表 3-6）。

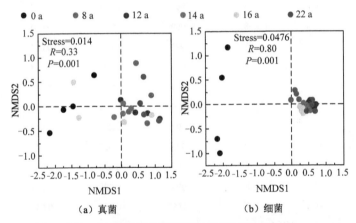

图 3-26　真菌和细菌群落结构 NMDS 分析图

表 3-5　真菌组间差异分析统计表（基于置换检验的多元方差分析）

组 1	组 2	样本容量	置换次数	P	Q	R
总体	—	24	999	0.001	—	0.328
0 a	8 a	8	999	0.027	0.085	0.948
0 a	12 a	8	999	0.021	0.085	0.917
0 a	14 a	8	999	0.031	0.085	0.740
0 a	16 a	8	999	0.219	0.293	0.063
0 a	22 a	8	999	0.023	0.085	0.979
8 a	12 a	8	999	0.833	0.833	-0.094
8 a	14 a	8	999	0.034	0.085	0.375

续表

组1	组2	样本容量	置换次数	P	Q	R
8 a	16 a	8	999	0.234	0.293	0.115
8 a	22 a	8	999	0.197	0.293	0.115
12 a	14 a	8	999	0.041	0.088	0.469
12 a	16 a	8	999	0.220	0.293	0.115
12 a	22 a	8	999	0.351	0.405	-0.010
14 a	16 a	8	999	0.38	0.407	0.135
14 a	22 a	8	999	0.028	0.085	0.635
16 a	22 a	8	999	0.131	0.246	0.229

注：P 为置换检验的 P 值；Q 为多重检验矫正后的 Q 值；R 为相似性分析检验统计量。下同。

表 3-6　细菌组间差异分析统计表（基于置换检验的多元方差分析）

组1	组2	样本容量	置换次数	P	Q	R
总体	—	24	999	0.001	—	0.800
0 a	8 a	8	999	0.026	0.044	0.833
0 a	12 a	8	999	0.031	0.044	1
0 a	14 a	8	999	0.027	0.044	0.979
0 a	16 a	8	999	0.025	0.044	0.979
0 a	22 a	8	999	0.03	0.044	1
8 a	12 a	8	999	0.039	0.044	1
8 a	14 a	8	999	0.037	0.044	1
8 a	16 a	8	999	0.025	0.044	1
8 a	22 a	8	999	0.032	0.044	1
12 a	14 a	8	999	0.028	0.044	0.989
12 a	16 a	8	999	0.032	0.044	1
12 a	22 a	8	999	0.048	0.048	0.510
14 a	16 a	8	999	0.025	0.044	1
14 a	22 a	8	999	0.034	0.044	0.667
16 a	22 a	8	999	0.041	0.044	0.958

根据微生物群落组成热图（图 3-27），真菌物种组成（属水平）可分为 3 个簇类：簇类 1 包括 *Ilyonectria*、*Leohumicola*、*Cistella*、*Niesslia*、*Lophiostoma* 和 *Tetracladium*，该簇类中包含的真菌属其相对丰度在荒地中较高，且随着滴灌年限的增加而降低；簇类 2 包括 *Inocybe*、*Sebacina* 和 *Cadophora*，该簇类中包含的真菌菌属随着滴灌年限的增加无明显变化；簇类 3 包括 *Geminibasidium*、*Pseudogymnoascus*、*Oidiodendron*、*Umbelopsis*、*Penicillium*、*Chalara*、*Knufia*、*Solicoccozyma*、*Cladophialophora*、*Fusarium* 和 *Mortierella*，与簇类 1 相反，与

荒地相比，该簇类所含真菌菌属在长期膜下滴灌棉田土壤中其相对丰度较高，且随着滴灌年限的增加，该类真菌菌属相对丰度呈升高态势（滴灌年限<12 a），但当滴灌年限>12 a 后，其相对丰度出现降低趋势。

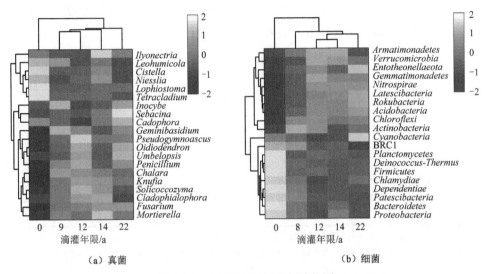

图 3-27　土壤真菌和细菌组成热图

与真菌类似，土壤细菌物种组成同样可分为 3 个簇类：簇类 1 包括 *Armatimonadetes*、*Verrucomicrobia*、*Entotheonellaeota*、*Gemmatimonadetes*、*Nitrospirae*、*Latescibacteria*、*Rokubacteria*、*Acidobacteria*、*Chloroflexi* 和 *Actinobacteria*，其相对丰度随着滴灌年限的增加呈升高态势；簇类 2 包括 *Cyanobacteria*，其相对丰度在各地块间无明显不同；簇类 3 包括 BRC1、*Planctomycetes*、*Deinococcus-Thermus*、*Firmicutes*、*Chlamydiae*、*Dependentiae*、*Patescibacteria*、*Bacteroidetes* 和 *Proteobacteria*，该簇类所含细菌菌属其相对丰度在土地开垦后明显降低。

3.3.8　环境因子对土壤微生物群落结构的影响

本章将总氮、总碳、C∶N、有效磷、含盐量、含水量、pH 值等环境因子作为解释变量（表 3-7），将细菌和真菌属水平相对丰度排名前 20 位的菌群作为响应变量进行冗余分析（redundancy analysis，RDA），探究各土壤环境因子与土壤微生物群落结构的相互关系（图 3-28）。RDA 排序图显示，对于真菌群落结构，RDA 前 2 个排序轴分别解释了总方差的 18.96%和 2.67%，共解释了 21.63%。总氮（F=4.0，P=0.002，方差解释程度=15.5%）、总碳（F=3.1，P=0.002，方差解释程度=12.5%）、C∶N（F=3.3，P=0.006，方差解释程度=12.9%）和含盐量（F=3.5，P=0.002，方差解释程度=13.8%）显著影响真菌群落结构。对于细菌群落结构，RDA 前 2 个排序轴分别解释了总方差的 57.15%和 10.24%，共解释了 67.39%。pH 值（F=9.4，P=0.002，方差解释程度=29.9%）、含盐量（F=14.5，P=0.002，方差解释程度=39.7%）、总碳（F=10.4，P=0.004，方差解释程度=32.1%）、总氮（F=7.9，P=0.002，方差解释程度=26.4%）和有效磷（F=3.6，P=0.04，方差解释程度=14.2%）显著影响细菌群落结构。

表 3-7 影响土壤微生物群落的环境因子

环境因子	0 a	8 a	12 a	14 a	16 a	22 a
TN/(mg·g⁻¹)	0.11c	0.44b	0.75a	0.50ab	0.48b	0.63ab
TC/(mg·g⁻¹)	7.26c	9.01b	10.24b	10.32b	9.04b	12.90a
AP/(mg·g⁻¹)	0.15e	0.47cd	0.53c	0.78b	0.40d	0.94a
SSC/(g·kg⁻¹)	5.56a	1.70c	1.53c	0.88cd	3.01b	0.24d
SM/(g·g⁻¹)	0.10a	0.16a	0.11a	0.15a	0.11a	0.12a
C∶N	241.71a	28.91b	14.05b	23.03b	20.57b	21.00b
pH 值	8.90a	8.70b	8.61b	8.60b	8.36c	8.33c

注：同一行中数字后不同小写字母表示组间数据差异在 P=0.05 水平下达显著性（n=4）。
TN 为总氮；TC 为总碳；AP 为有效磷；SSC 为含盐量；SM 为含水量；C∶N 为总碳与总氮的比。

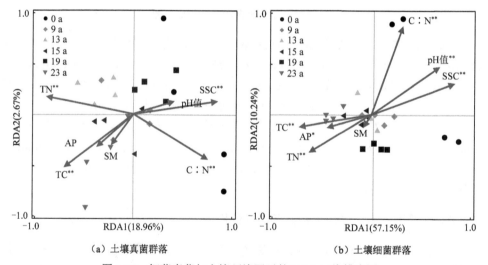

（a）土壤真菌群落　　　　　　　　（b）土壤细菌群落

图 3-28　细菌真菌与土壤环境因子的 RDA 二维排序图

3.3.9　长期滴灌对土壤主要酶活性的影响

滴灌年限对绿洲棉田耕层土壤（0～40 cm）酶活性的影响见图 3-29 和图 3-30。荒地土壤的多酚氧化酶、过氧化氢酶、磷酸酶、纤维素酶、脲酶活性分别为 8200.23～13030.54 U·g⁻¹、622.97～771.95 U·g⁻¹、0.05～0.07 U·g⁻¹、1778.29～2340.76 U·g⁻¹ 和 4299.80～5724.40 U·g⁻¹；其在膜下滴灌棉田的活性分别为

10435.15～22114.39 U·g^{-1}、294.73～822.45 U·g^{-1}、0.05～0.10 U·g^{-1}、1518.69～
3617.14 U·g^{-1} 和 5397.93～9938.85 U·g^{-1}，且表层酶活性小于亚表层。相较于荒
地，膜下滴灌棉田 0～20 cm 和 20～40 cm 土壤多酚氧化酶、磷酸酶、纤维素酶
和脲酶活性均有提高。其中，多酚氧化酶、磷酸酶、纤维素酶和脲酶活性在 0～
20 cm 土层增加幅度分别为 27.68%～111.66%、0.94%～75.19%、0.29%～
60.40%、27.25%～81.09%；20～40 cm 土层增加幅度分别为 20.78%～68.74%、
8.09%～42.62%、7.15%～56.55%、33.17%～74.69%。膜下滴灌棉田土壤中过氧
化氢酶活性较荒地降低（14 a 除外），其中 0～20 cm 土层降低 0.61%～51.44%，
20～40 cm 土层降低 1.04%～47.10%。

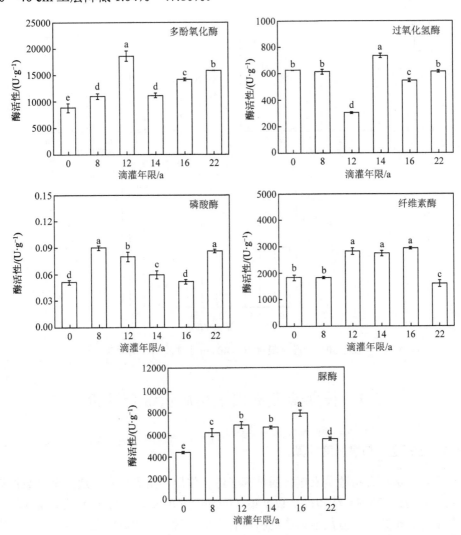

图 3-29　滴灌年限对 0～20 cm 土壤酶活性的影响

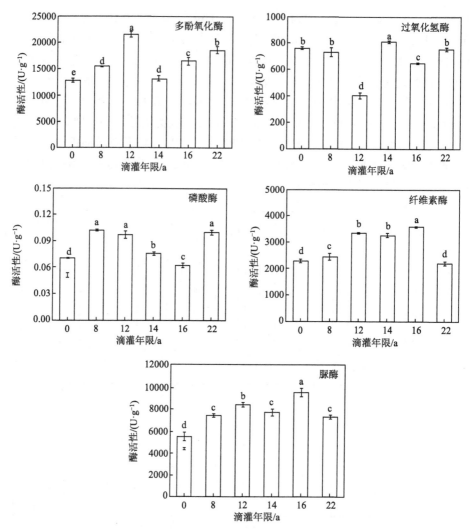

图 3-30　滴灌年限对 20～40 cm 土壤酶活性的影响

3.4　长期滴灌棉田土壤质量综合评价

3.4.1　指标选择与隶属度计算

　　土壤质量综合指数是土壤各属性因子综合作用的结果。本节通过全量数据集（total data set，TDS）法和最小数据集（minimum data set，MDS）法分别计算土壤质量综合指数。全量数据集法是将所有土壤质量评价参数作为同等重要参数进行评价。最小数据集法是从大量土壤质量评价参数中筛选出变化敏感的属性指标构成最小数据集，避免冗余数据反映的信息重复。对本章所列的土壤容重、三相比、大团聚体数量等土壤物理、化学和生物质量评价参数进行相关性分析，结果显示各评价参数关系中有 195 对达到了显著或极显著水平（表 3-8），适合通过主成分分析和相关性分析建立最小数据集。

表 3-8　土壤质量评价参数间的相关性矩阵

参数	X_1	X_2	X_3	X_4	X_5	X_6	X_7	X_8	X_9	X_{10}	...
X_1	1	1.000**	0.125	0.256	0.784**	0.739**	0.472*	−0.45	−0.785**	0.780**	
X_2		1	0.125	0.256	0.784**	0.739**	0.472*	−0.45	−0.785**	0.780**	
X_3			1	0.869**	0.425	0.508*	0.602**	−0.617**	−0.501*	0.511*	
X_4				1	0.462	0.507*	0.733**	−0.650**	−0.565*	0.599**	
X_5					1	0.819**	0.557*	−0.552*	−0.788**	0.894**	
X_6						1	0.764**	−0.675**	−0.947**	0.902**	
X_7							1	−0.565*	−0.791**	0.661**	
X_8								1	0.729**	−0.641**	
X_9									1	−0.899**	
X_{10}										1	
⋮											

首先，为避免量纲和数量级对计算结果产生影响，基于隶属函数对各评价参数进行线性变化，从而转化为 0~1 的无量纲值。对土壤容重、固相比例、含盐量和 pH 值采用降型分布函数计算，其余指标采用升型分布函数计算。然后，对各线性变换后的土壤质量评价参数进行主成分分析（principal component analysis，PCA）。结果表明，前 7 个主成分特征值均大于 1，累积贡献率为 93.07%，即该 7 个主成分解释了大部分土壤质量评价参数的变异（表 3-9）。

表 3-9　土壤质量评价参数主成分分析

主成分	特征值	方差贡献率/%	累积方差贡献率/%
1	11.20	35.00	35.00
2	5.97	18.64	53.64
3	2.97	9.27	62.91
4	2.83	8.84	71.74
5	2.62	8.17	79.92
6	2.16	6.74	86.66
7	2.05	6.41	93.07

通过考察土壤质量评价参数在各主成分上的因子荷载，对其进行分组。首先，在前 7 个主成分上分别把因子荷载大于 0.5 的评价参数选为 1 组，考察各评价参数之间的相关性。若存在评价参数与其他参数的相关性系数小于 0.3，说明其他参数均不能代表该参数反映的土壤信息，则将其从该组中分离。分组后选取

最大因子荷载值（绝对值）10%范围中的评价参数，然后对选取评价参数进行相关性分析。如果相关系数大于 0.5，则选取因子荷载较大的评价参数进入 MDS；如果相关系数较低，则全部进入 MDS。最后，对不同组进入 MDS 的评价参数进行相关分析，确定各参数间是否存在明显的数据冗余。

3.4.2　权重确定和土壤质量指数

TDS 法将所有评价指标进行主成分分析，各指标的权重为该指标的公因子方差与所有指标公因子方差之和的比值。MDS 法中，各评价指标的权重为该指标的公因子方差与全部指标最小数据集的公因子方差之和的比值。如表 3-10 所示，最小数据集评价指标间无相关性。表 3-11 所示为 MDS 法各评价指标权重。

表 3-10　MDS 土壤质量评价参数间的相关性矩阵

参数	X_1	X_2	X_3	X_4	X_5	X_6
X_1	1	0.356	−0.062	−0.03	−0.096	−0.059
X_2		1	−0.12	0.268	−0.177	0.28
X_3			1	−0.245	−0.253	−0.187
X_4				1	0.185	−0.11
X_5					1	0.098
X_6						1

注：X_1 为 CO_2 排放量；X_2 为水稳性团聚体的几何平均直径；X_3 为磷酸酶；X_4 为过氧化氢酶；X_5 为真菌 Pielou-e 指数；X_6 为细菌高质量序列量。

表 3-11　MDS 评价参数的公因子方差和权重

最小数据集指标	公因子方差	权重
X_1	0.536	0.130
X_2	0.785	0.190
X_3	0.566	0.137
X_4	0.734	0.178
X_5	0.611	0.148
X_6	0.893	0.216

注：X_1 为 CO_2 排放量；X_2 为过氧化氢酶；X_3 为磷酸酶；X_4 为真菌 Pielou-e 指数；X_5 为细菌高质量序列量；X_6 为水稳性团聚体几何平均直径。

基于 TDS 得到的土壤质量指数 SQI_{TDS} 与基于 MDS 得到的土壤质量指数 SOI_{MDS} 呈显著正相关（相关系数=0.69，P=0.002）。土壤质量指数总体上随着滴灌年限的增加而增加（<14 a），表明长期膜下滴灌有利于土壤质量的提高，滴灌 14 a 后棉田土壤质量呈现下降态势（表 3-12）。

表 3-12　长期膜下滴灌棉田土壤质量指数

土壤质量指数	0 a	8 a	12 a	14 a	16 a	22 a
SQI_{TDS}	0.43c	0.45c	0.52b	0.64a	0.62a	0.63a
SOI_{MDS}	0.52b	0.46b	0.48b	0.68a	0.49b	0.74a

3.5　长期滴灌影响土壤质量的讨论分析

3.5.1　长期滴灌对土壤物理结构的影响

土地利用类型显著改变土壤物理结构特征（鲍文和赖奕卡，2011）。新疆山前平原绿洲区自然荒地开垦为膜下滴灌棉田后，0～40 cm 耕层土壤干容重降低，总孔隙度增加。有研究表明，土地开垦为农地过程中，由于农业大型机械作业压实浅层土壤，农地上层土壤容重增加，孔隙度降低（李海强，2021；李勇等，2022；齐红志等，2021），与本章结论不一致。一方面，这是由于开垦前土壤容重本底值的不同产生的差异。新疆大部分原生盐碱荒地土壤容重较大，浅层土壤容重大多大于 1.50 g·cm⁻³（丛小涵和王卫霞，2021；王蕙和赵文智，2009）。荒地开垦后通常通过土壤深翻耕作松软土壤，控制杂草、病虫害，犁齿的间隙和振荡使土块破碎，增大土壤间隙，同时破碎已发生板结的土质，使土壤孔隙度增加、容重降低。因此，深耕犁地的耕作模式破坏耕层土壤自然结构（张向前等，2019；杜满聪，2019），从而造成土壤孔隙度增加及容重降低。Da Silveira 等（2008）研究发现多年耕作土壤较未耕地容重降低，孔隙度增加。马玉诏等（2021）和胡怀舟等（2020）的研究表明翻耕土壤表层土壤容重小于未耕土壤，结果支持上述解释。此外，关于新疆棉区大型机械作业造成的土壤压实、容重增大的问题鲜有报道。另一方面，由于化学肥料的长期投入，以及植物残体或根系、微生物分泌物等较多的有机物输入耕层土壤中，使土壤有机质含量积累（王亚麒，2021；Zebarth et al.，1999），从而使土壤结构改善（刘建国，2008）。有研究指出，土壤有机质含量与土壤容重呈显著负相关，与总孔隙度呈显著正相关（李海强，2021），膜下滴灌耕种提高有机质含量，增加总孔隙度，降低容重，改善了土壤结构。本章研究结果与前人一致，如何海锋等（2020）研究发现盐碱荒地上连续种植柳枝稷（*Panicum virgatum*）5 a 后 0～40 cm 土层容重降低了 13.36%；丛小涵和王卫霞（2021）研究发现新疆小麦田 0～100 cm 土层土壤容重大于荒地土壤。王蕙和赵文智（2009）研究发现在原生荒漠向人工绿洲的演变过程中，土壤容重由 1.51 g·cm⁻³ 降低到 1.35 g·cm⁻³，总孔隙度由 43.16%增加到 49.27%。结果支持上述解释。

土壤耕作不会扰动深层土壤，然而自然荒地开垦为膜下滴灌棉田后，深层（40～100 cm 土层）土壤容重增加，总孔隙度降低。长期耕种改善了深层土壤结构。这主要是由于膜下滴灌频繁地灌水施肥使可溶性有机物向深层迁移造成的。可溶性有机物来源于植物残体、土壤腐殖质、土壤微生物和植物根系的分泌物（Kalbitz et al., 2000），具有易迁移的特点（彭新华等，2004），是土壤有机碳的重要组成部分。已有研究表明，长期肥料施用显著提高土壤可溶性有机物含量（Liu et al., 2019；Dong et al., 2014；Zhang et al., 2014）。滴灌条件下肥料的分期施用促进可溶性有机物向更深土层（60～100 cm）移动（Rosa and Debska，2018）。因此，较未耕荒地，膜下滴灌耕种提高了 40 cm 以下土层有机质含量，从而使深层土壤容重降低。

适宜的容重对作物的生长具有重要作用（姜玉琴等，2022）。本研究中，土壤容重在膜下滴灌耕种 16～22 a 后呈增加态势，土壤孔隙度则反之。这可能是由于连作年限的增加造成的土壤理化性质恶化所致。新疆棉区多年连作现象较为普遍（万素梅和王立祥，2006），已有研究表明，新疆绿洲棉区连作 15 a 棉田收获后土壤容重达 1.70 g·cm^{-3}，较连作 3 a 棉田增加 0.17 g·cm^{-3}（万素梅等，2012）；连作棉田会造成土壤紧实，且随着连作年限的增加（>20 a）变化更明显（柴仲平等，2008）。新疆棉区长期连作引起土壤容重增大的原因有如下几个。①有机质分解、转化速度降低。由于耕作、灌水、施肥等方式固定不变，作物根系固定吸收某些特需营养物质，造成土壤养分偏耗、营养环境失衡，微生物丰度和多样性降低，同时长期单施化肥，使有机质分解及转化的速度降低、数量减少，导致容重增加。②灌溉制度不合理，灌溉定额偏大。已有研究表明，滴灌条件下灌水定额对 0～80 cm 土壤容重产生较大影响，且高灌水定额明显提高土壤紧实度（王建东等，2013）。膜下滴灌灌水频率高且研究区灌溉定额偏高，土壤颗粒在重力作用下沉积，因此长期应用膜下滴灌减小土壤颗粒间隙，导致土壤孔隙度降低、容重增加。③土壤次生盐碱化。大量研究表明，咸水灌溉显著增加土壤容重（周永学等，2021；吴雨晴，2021；季泉毅等，2014；冯棣等，2014），Zong 等（2022）研究表明盐分积累和土壤容重及孔隙度有极显著的相关性，上述研究结果均表明土壤盐分含量对孔隙度和容重有显著影响。虽然短时间内滴灌显著降低上层土壤盐分（王振华，2014），而长期膜下滴灌应用出现的节水灌溉型土壤次生盐碱化降低土壤孔隙度，增加土壤紧实度。④残膜积累。有研究表明，新疆绿洲棉区土壤中的残膜以 15.69 kg·hm^{-2} 的速度积累（He et al., 2018），新疆绿洲长期膜下滴灌棉田中残膜质量达 121.85～352.38 kg·hm^{-2}，远超国家控制标准（75 kg·hm^{-2}）（He et al., 2018）。与常规耕地相比，当残膜质量>362 kg·hm^{-2} 时，土壤容重增加 5.8%～7.2%（解红娥等，2007）；当残膜质量>450 kg·hm^{-2} 时，土壤容重增加 52.06%（赵素荣等，1998）；当残膜质量>720 kg·hm^{-2} 时，土壤容重增加 4.73%（杜利，2019）。土壤中的残膜降低了土壤通气性和透水性等，增加土壤容重和比重（杨晓庭，2021；杜利，2019），恶化土壤物理性质。

本研究表明，荒地开垦为膜下滴灌棉田后，团聚体稳定性指数降低。荒地开垦为膜下滴灌棉田过程中，高强度的机械耕作破坏了原有土壤的团聚结构，从而使团聚体稳定性下降。在本研究中，新垦棉田大团聚体比例、平均重量直径和几何平均直径仍小于自然荒地。这主要是由于团聚体胶结物质不同造成。土壤团聚体的形成十分复杂并受到多种因素制约，胶结物质可以是有机物、无机物，或者是有机物、无机物的结合物（王清奎和汪思龙，2005）。王清奎和汪思龙（2005）研究指出，在有机质含量较高的土壤中，有机质为主导胶结物质；在有机质含量较低的土壤中，团聚体的形成主要依靠土壤颗粒间的内聚力或如氧化铁铝等其他无机胶结物质胶结。随着膜下滴灌耕种时间的增加，水稳性大团聚体（>0.25 mm）比例、平均重量直径和几何平均直径总体上呈增加态势。一方面，有机胶结物质作为团聚体的黏合剂，其含量与大团聚体的形成和团聚体稳定性关系密切（李海强，2021）。已有研究表明，随着土壤肥力水平的提高，大团聚体含量增加，土壤团聚度增大（关连珠等，1991）。长期膜下滴灌提高了土壤有机碳含量，使有机质补充增多，从而导致稳定性团聚体数量增加和团聚体稳定性提高（Zhang et al.，1996）。另一方面，长期膜下滴灌耕种对土壤物理结构的影响过程复杂多样，且伴随较多相互作用。在作物生育期，膜下滴灌根据作物的需水需肥规律向作物适时适量地供水供肥，同时淡化根区土壤盐分，保证作物生长（王全九等，2000）。新疆荒漠碱土中 Na^+ 含量较高（王振华，2014），而钠盐是造成土壤质量下降的主要盐分。有研究指出，Na^+ 的存在会增加土壤颗粒之间的排斥力，造成土壤颗粒的膨胀和分散（王全九和单鱼洋，2015）。本研究中土壤大团聚体含盐量显著低于小团聚体含盐量，因此，长期膜下滴灌降低土壤含盐量及 Na^+ 浓度，从而提高大团聚体比例及团聚体稳定性。

3.5.2　长期滴灌对土壤肥力的影响

本研究结果表明，棉田土壤总氮、总碳和有效磷含量显著高于荒地，并且随着种植年限的增加而增加，与前人研究结果相似（杨良觎，2019；Ahirwal et al.，2017；Türkmen et al.，2013；Srivastava et al.，2014）。这是由于土地利用方式的改变打破了荒地原有生态平衡封闭的循环模式，打破了土壤的养分平衡（孔君洽等，2019）。自然荒地开垦为膜下滴灌棉田后显著改善了土壤的水分环境。N、P、K 的大量投入及作物残体的输入促进了土壤总氮、总碳和有效磷的积累，并随着种植年限的增加，在棉花秸秆和根系中大量积累，并在土壤中快速分解转化。土壤中的营养元素不断积累，改善了土壤理化性质，增加土壤有机质含量，同时提高土壤肥力。

然而，部分研究结果显示土地开垦显著降低土壤有机质含量、降低地力（钟鑫，2021），并且连续种植 14 a 后，土壤总氮和总碳均不同程度降低。这是由于随着种植年限的增加，人为耕作对土壤的影响越来越显著，开垦时人为机械破坏大颗粒团聚体转化为小颗粒团聚体，土壤表层黏粒含量增加，但在水的重力影响下，小颗粒团聚体又会沿着土壤孔隙向下移动，黏粒呈先增加后降低趋势，土壤养分降低，固碳能力下降，同时不同地块土壤颗粒组成变化情况不同，土壤总氮和总碳降低程度也不同，与颜安等（2017）的结果相似。

土壤呼吸速率和 CO_2 排放总量随着种植年限的增加而增加，并在种植 14 a 地块达到最大值，之后呈下降态势，与前人研究结果相似（刘谦等，2007；Iqbal et al., 2008；杨军等，2020）。这是由于耕作、施肥和灌溉等人为措施会改变土壤的水分、有机质和矿质离子等的含量，改善了土壤环境，进而使土壤中细根生物量和微生物数量增加，最终导致土壤呼吸速率增加，CO_2 排放总量也随之增加（Gong et al., 2015；张雪梅等，2011）。但随着种植年限的增加，耕作 14 a 后，土壤质量出现了明显的退化，各养分含量、土壤酶活性、微生物种群数量和种类、功能性微生物均呈现了下降的趋势，植物源真菌病害也在逐年积累，土壤的微生物结构平衡被打破，土壤呼吸速率和 CO_2 排放总量呈下降态势（贾凤安等，2017）。

3.5.3 长期滴灌对土壤盐分时空分布的影响

长期膜下滴灌对土壤水盐运动及分布产生显著影响。然而，受到冬春灌、地块初始盐分、生育期内灌水定额等因素影响，关于干旱绿洲区长期膜下滴灌是否造成土壤脱积盐问题意见不一：王振华（2014）、王全九等（2000）、卢响军等（2011）、王海江等（2010）均表示长期膜下滴灌土壤盐分呈脱盐态势，而牟洪臣等（2011）、罗亚峰等（2011）、张伟等（2009）、孙林和罗毅（2013）等研究结果显示膜下滴灌土壤呈积盐态势。本研究结果表明，干旱绿洲区原生盐碱荒地开垦为棉田后，土壤盐分显著降低，且长期膜下滴灌显著降低土壤含盐量，特别是较深土层（100～200 cm），含盐量减少幅度大，土壤储盐量总体上随着膜下滴灌应用年限增加呈指数降低。罗毅（2014）通过在玛纳斯河灌区多点调查土壤盐分垂向分布与滴灌的历史关系，发现滴灌对土壤脱积盐的影响同时存在，当在原耕地基础上进行滴灌时，土壤盐分呈增加态势，平均含盐量增长率为 0.22 $g \cdot kg^{-1}$；而在原荒地基础上进行滴灌时，土壤盐分则呈幂函数曲线降低态势，多年平均减少速率为 0.81 $g \cdot kg^{-1}$。本研究中，原生盐碱荒地土壤含盐量较高，平均含盐量为 6.13 $g \cdot kg^{-1}$，各棉田耕地均为在原生盐碱荒地基础上进行膜下滴灌，膜下滴灌应用年限即为滴灌年限，脱盐态势显著，与罗毅（2014）的研究结果相似。王全九等（2000）根据滴灌前后土壤含盐量增减规律将滴头下方土壤分为脱盐区与积盐区，生育期长期膜下滴灌棉田土壤盐分增加的原因是受灌溉制度影响，土壤积盐区随着滴灌年限的增加向上扩大，受温度、灌溉制度、地下水位、蒸发等条件影响，土壤盐分随着水分上移，耕层产生多个积盐区，作物生长发育受到威胁。棉花生育期耗水量为 345～380 mm，本研究所选地块生育期灌溉定额为 815 mm，洗盐定额为 435～470 mm，当前灌溉制度下膜下滴灌棉田垂直影响深度可达 300 cm，多次灌水后棉田盐分整体向下迁移，因此膜下滴灌应用年限越长，0～200 cm 土壤含盐量相对较低，盐分降低幅度也越来越小，并处于一种动态平衡。在灌溉季节（6～8 月），在当地灌溉制度影响下，土壤盐分在垂直方向上表现为上低下高的分布特征。这是由于当地灌水定额偏大，实际灌水后土壤湿润锋深度达1.5 m，0～100 cm 土层土壤近似整体湿润，土壤盐分被淋洗到 140 cm 以下土层（王振华等，2014）。在非灌溉季节，棉花停水后至收获，在田面蒸发及棉花根系吸水的作用下，60～90 cm 土壤盐分向上迁移，因此 0～60 cm 土层土壤含盐量相对较高。棉花停水后，地下水深度由 2～3 m 下降到 4 m 以下，由地下水向土壤中补充的盐分相对较少，因此 120～200 cm 土层土壤盐分基本随着土壤深度的增加而降低（不包括 2020 年荒地）。

3.5.4　长期滴灌对土壤微生物丰度和多样性的影响

自然荒地开垦为膜下滴灌棉田后，0～20 cm 土层细菌和真菌高质量序列数在开垦 8 a 内显著降低，而分类单元数和 Chao1 指数显著增加，表明自然荒地开垦为棉田后膜下滴灌应用的前 8 a 中，土壤微生物群落物种的绝对丰度降低，而物种多样性增加。这主要是由于土地利用方式的突然改变破坏了土壤原有微生物的生境条件（Balami et al., 2020），致使部分细菌和真菌死亡。研究表明，长期施用化学肥料可显著增加土壤有机质含量，提高土壤质量（Rasool et al., 2007；Tejada and Gonzales, 2008），因此，在短期（<8 a）膜下滴灌耕种过程中，随着水分、化肥、植物残体和根系分泌物等进入土壤，土壤含盐量、pH 值的降低，肥力增强，残存的细菌和真菌迅速生长繁殖，形成新的种群群落（Feng et al., 2019；Nemergut et al., 2010），棉田土壤样本中微生物多样性显著增加（Yang et al., 2021）。Zhou 等（2020）和 Bourceret 等（2016）研究也表明，在荒地开垦为农地后，土壤微生物多样性显著增加。

荒地开垦后，虽然短期（<8 a）膜下滴灌应用提高了土壤细菌真菌群落丰度和多样性，但是随着应用年限的进一步增加（>14 a），细菌和真菌群落丰度和多样性则呈现下降态势。在同一块土地上长期单一连续棉花种植极易产生连作障碍。一方面，长期连作下棉花根系分泌物和棉秆分解产生的酚类化感物质逐年积累（刘雪花等，2019），不仅毒害作物自身根系细胞，对细菌和真菌的生长繁殖产生促进或抑制的化感作用（刘建国，2008），随着时间的推移形成了自然筛选的过程，土壤微生物群落也会随之改变，作为结果，微生物群落丰度和多样性降低。另一方面，由于集约化农田农药和化肥的高强度投入、高强度机械作业，加之灌溉制度不合理（Wang et al., 2019）、残膜积累（He et al., 2018）等因素，土壤多种理化性质发生改变，土壤有机质含量显著下降（高文翠等，2021；姜艳等，2021），土壤质量恶化。这一结论也被本研究结果所支持。土壤理化性质的恶化进一步影响细菌和真菌的代谢和活性，打破土壤微生物间的生态平衡，降低群落的多样性和复杂性。长期膜下滴灌对土壤微生物丰度和多样性的影响结果与前人关于种植年限对土壤微生物菌群多样性的影响等研究结果一致（Kang et al., 2018；Sun et al., 2021b）。

3.5.5 长期滴灌对土壤微生物群落构成的影响

子囊菌门、被孢霉门和担子菌门是新疆棉田中的常见的优势真菌菌门（Guo et al., 2020），在秸秆分解及养分转化过程中发挥关键作用。子囊菌门和担子菌门在土壤中起着分解木质部组织细胞壁、降解植物残体、分解有机物等功能，与土壤碳周转和固存关系密切（Sun et al., 2016）。被孢霉门富含在有机质较高的土壤中（宁琪等，2022），对溶解土壤磷、促进作物生长具有重要贡献（Zhang et al., 2020a；Fröhlich-Nowoisky et al., 2015；Grządziel and Gałązka, 2019）。绿洲灌区自然荒地开垦耕种后，子囊菌门的相对丰度由 71.13%降低到 63.91%，担子菌门和被孢菌门的相对丰度增加。主要原因是有机肥施入、秸秆还田等措施改善土壤有机质、通气性、温湿度等条件，提高土壤真菌多样性（Sun et al., 2016；Mathew et al., 2012；李彤等，2017）。同时，新疆棉花收获后，棉秆全部粉碎还田，0～20 cm 棉田土壤中含有丰富的木质素，为担子菌门和被孢菌门的生长繁殖提供了充足的能量和适宜的环境条件（Zhang et al., 2020a），使其相对丰度增加。

放线菌对分解土壤有机质同样发挥关键作用（Sykes and Skinner, 1973）。绿洲灌区荒地开垦为棉田后，土壤放线菌的相对丰度增加。有研究发现放线菌在 pH 值较高、有机质含量较低的土壤中相对丰度较低（Lauber et al., 2009；Sykes and Skinner, 1973），膜下滴灌提高了土壤水-肥-气条件，并提供充分的有机物，促进放线菌的生长。Wolińska 等（2019）研究也发现耕地土壤中放线菌的数量显著大于未耕土壤。土壤中的变形菌门和拟杆菌门促进不稳定碳的利用，在肥力较高的土壤中广泛分布（Torsvik and Ovreas, 2002；Fierer et al., 2007）。本研究结果显示，变形菌门和拟杆菌门在棉田土壤中的相对丰度低于自然荒地。原因是土壤细菌群落结构不仅受到非环境条件的影响，而且受到物种间竞争关系的制约。膜下滴灌棉田中土壤温湿度、pH 值适合放线菌的生长繁殖，而放线菌的生长优势及其分泌物抑制了其他细菌，如变形菌门、拟杆菌门的生长繁殖，因此部分细菌的相对丰度减少。在本研究中，膜下滴灌棉田土壤中的酸杆菌门和绿弯菌门的相对丰度高于自然荒地。与前人结果不同，该 2 种菌门在营养程度较低的土壤中相对丰度较高（Fierer et al., 2007；Zhang, 2020a）。原因可能是研究区自然荒地土壤较高的 pH 值抑制了酸杆菌门和绿弯菌门的生长繁殖。在膜下滴灌棉田中，厚壁菌门的相对丰度低于变形菌门，表明前者碳水化合物代谢的潜力低于后者（Li et al., 2020b）。

土壤有效磷的含量与细菌数量呈显著正相关（Pan et al., 2020），pH 值是影响细菌和真菌数量及多样性的重要因素（Kucey, 1983）。在本研究中，相对其他土壤环境因子,有效磷和 pH 值对细菌群落结构的影响最大,与前人研究结论一致,但对真菌群落结构的影响相对较小。原因可能是各地块间土壤 pH 值的差异不大,而真菌对 pH 值的变化有较强的适应能力(Rousk et al., 2010)。值得注意的是,膜下滴灌 16 a 地块土壤含盐量显著高于其他地块,达到 $3 g \cdot kg^{-1}$,表明该地块出现明显次生盐渍化,土壤肥力下降,养分流失。同时,该地块的高质量微生物序列和分类群的绝对丰度显著降低,有证据表明,次生土壤盐渍化对土壤健康和微生物多样性构成威胁。

3.6 小 结

(1)北疆绿洲区滴灌 7~22 a 膜下滴灌棉田 0~40 cm 和 40~100 cm 土层土壤平均容重分别为 1.33~1.57 $g \cdot cm^{-3}$ 和 1.43~1.66 $g \cdot cm^{-3}$,总孔隙度分别为 42.85%~51.52%和 39.51%~47.91%。荒地开垦后耕层土壤容重随着滴灌年限的增加逐年降低,滴灌 16~22 a 后,土壤容重随着滴灌年限的增加呈增加态势。耕层孔隙度变化与土壤容重相反,随着滴灌年限的增加而逐年降低,于滴灌 16~22 a 后总孔隙度呈下降态势。荒地耕层土壤固相比例较高,荒地开垦后固相比例降低,气相和液相比例增加,滴灌优化了耕层土壤三相比。土壤水稳性大团聚体比例随着耕种年限的增加呈先减小后增加态势。长期滴灌通过增加土壤养分含量、减少含盐量,从而提高土壤大团聚体比例及其稳定性。

(2)0~40 cm 耕层土壤的总氮含量随着滴灌年限的增加逐年增加至相对稳定,但滴灌连续应用 16~22 a 后土壤总氮含量出现下降态势;土壤总碳和有效磷含量随着膜下滴灌应用年限的增加呈逐年增加态势。未垦荒地土壤储盐量大,盐分分布呈“表聚型”和“底聚型”,荒地开垦后盐分向土壤深层迁移,储盐量总体上随着滴灌年限的增加而逐年降低,脱盐速率逐年降低。

(3)滴灌棉田土壤呼吸速率和累积 CO_2 排放量均显著高于荒地,且土壤呼吸速率随着滴灌年限的增加呈现先增加后降低的态势,膜下滴灌 14 a 的土壤呼吸速率和累积 CO_2 排放量最高。滴灌年限显著影响土壤微生物群落结构。荒地开垦为棉田后,土壤真菌和细菌丰度在开垦后的前 8 a 减少,之后随着滴灌年限的增加而增加至相对稳定水平。荒地开垦后,真菌的被孢菌门和细菌的放线菌门、绿弯菌门、酸杆菌门和芽单胞菌门的相对丰度增加,而真菌的子囊菌门和细菌的变形菌门、拟杆菌门和厚壁菌门的相对丰度降低。荒地开垦增加土壤真菌和细菌的多样性,但是开垦 16~22 a 微生物丰度和多样性呈下降态势。荒地开垦后多酚氧化酶、磷酸酶、纤维素酶和脲酶的活性提高,过氧化氢酶活性降低。

(4)基于主成分分析和相关性分析,通过指标全量数据集和最小数据集两种方法计算得到的土壤质量综合评价指数,结果表明土壤质量总体上随着滴灌年限的增加而增加,长期滴灌(16~22 a)棉田土壤质量下降。

第4章 非灌溉季冻融对长期滴灌棉田土壤质量的影响

季节性冻融是我国西北干旱地区土壤次生盐碱化产生的重要原因之一（Tan et al., 2021; Wu et al., 2019; Zhang et al., 2021）。灌溉方式与土壤盐分迁移的研究集中在灌溉季节，研究指出合理滴头流量、灌水量、灌溉制度可以有效调控土壤盐分，在作物根区形成低盐区，帮助作物生长（Wang et al., 2018a）。滴灌条件下特殊的水分运动形式决定了盐分在土壤中的分布。与传统地面灌溉相比，滴灌在灌水过程中，湿润体中的盐分得到有效淋洗，滴灌带下形成一定范围的脱盐区。但是，由于滴灌带滴头流量较小（一般为 $1.0\sim3.2$ L·h^{-1}），聚集在湿润锋边缘的盐分极难排出土体淋洗到地下水中。灌水结束后，在垂直方向上，由于强烈的蒸发作用，土壤中的盐分向上移动，重新聚集在土壤表层（Wang et al., 2018b）。滴灌能有效降低作物根区土壤盐分，保护作物的正常生长发育，但是滴灌条件下土壤盐分并不能有效排出土体，盐分积累在下层土壤中对农田生态系统的生态可持续发展产生威胁（单鱼洋，2012）。新疆绿洲棉区休耕期时间长，受人类活动影响小，由于缺少有效的压盐手段，在温度势、水分势和盐分势的作用下，下层土壤盐分表聚。非灌溉季节（棉花收获后至次年播种前）土壤盐分的运动直接关系到出苗定额和压盐定额，初始土壤含盐量作为本底值将直接影响整个生长季节的灌水管理。新疆冻结期（11月至次年4月）漫长而严寒，然而关于非灌溉季节长期滴灌棉田盐分演变规律及土壤质量响应的研究相对较少，仍需要进一步探究。另外，季节性冻融过程影响土壤微生物的生理代谢活动和能量供应（杨思忠和金会军，2008）。土壤在冻结过程中，随着气温的降低和土壤水的相变，土壤微生物生境理化性质改变，导致部分微生物在冻结期死亡（Edwards et al., 2006），但是仍有部分微生物残留（Welker et al., 2000；Price and Sowers, 2004），参与土壤有机质的分解过程（王风等，2009；Mellander et al., 2005）。融化后土壤中存活下来的微生物迅速增殖并形成群落，对次年作物的生长发育产生影响。探究冬季土壤微生物活性和土壤酶活性的变化，能够更加全面深入地认识土壤生态过程，有利于阐明季节性冻土区农田土壤微生物特性在生长季节与非生长季节之间的生态联系。本章主要研究北疆典型绿洲灌区不同滴灌年限棉田非灌溉季节土壤盐分迁移规律，土壤理化性质在冻融前后的变化及土壤微生物和主要酶活性对季节性冻融的响应，研究结果为准确全面地揭示长期滴灌棉田土壤盐分运移规律及土壤质量演变提供科学依据。

4.1　冻融对土壤物理质量的影响

4.1.1　冻融对土壤容重的影响

　　季节性冻融降低干旱绿洲区长期膜下滴灌棉田土壤容重（表 4-1）。相较于冻结前，融化后各地块土壤容重平均降低 4.80%。其中 0～40 cm 土层下降幅度为 5.23%，大于 40～100 cm 土层的下降幅度（4.41%）。此外，相同土层中融化后各地块土壤容重下降幅度与冻结前土壤容重呈正相关，即冻结前土壤容重越大，融化后土壤容重降低幅度越大。膜下滴灌应用年限、土壤深度、季节性冻融对土壤容重产生显著影响（表 4-2），同时膜下滴灌应用年限与土壤深度和季节性冻融均具有显著的交互作用。

表 4-1　冻融前后不同膜下滴灌应用年限棉田土壤容重

膜下滴灌应用年限/a		0～40 cm		40～100 cm	
		冻结前	融化后	冻结前	融化后
2019～2020 年	21	1.47b	1.37b	1.53b	1.46b
	15	1.39c	1.34b	1.52b	1.47b
	13	1.37c	1.34b	1.47c	1.42bc
	11	1.45b	1.38b	1.46c	1.41c
	7	1.44b	1.35b	1.51bc	1.42bc
	0	1.74a	1.61a	1.71a	1.55a
2020～2021 年	22	1.48bc	1.40b	1.59b	1.55b
	16	1.44bc	1.36b	1.51bc	1.46c
	14	1.38c	1.32b	1.48c	1.40c
	12	1.40bc	1.30b	1.50c	1.45c
	8	1.49b	1.40b	1.60b	1.55b
	0	1.62a	1.57a	1.74a	1.65a

注：同一列不同小写字母代表 $P=0.05$ 水平下有显著性差异，下同。

表 4-2　主体间效应检验

源	Y	D	S	Y×D	Y×S	D×S	Y×D×S
P 值	0.000	0.003	0.005	0.000	0.019	0.499	0.300

注：Y 为膜下滴灌应用年限；D 为土壤深度；S 为季节性冻融。

4.1.2　冻融对土壤孔隙度的影响

季节性冻融增加干旱绿洲区长期膜下滴灌棉田土壤总孔隙度（表 4-3）。相较于冻结前，融化后各地块土壤总孔隙度平均增加 5.98%。其中 0～40 cm 土层增加幅度为 6.02%，40～100 cm 土层增加幅度为 5.94%。土壤总孔隙度主体间效应检验与土壤容重相同，膜下滴灌应用年限、土壤深度和季节性冻融对土壤总孔隙度产生显著影响，膜下滴灌应用年限与土壤深度和季节性冻融均具有显著交互作用（表 4-4）。

表 4-3　冻融前后不同膜下滴灌应用年限棉田土壤总孔隙度

膜下滴灌应用年限/a		0～40 cm		40～100 cm	
		冻结前	融化后	冻结前	融化后
2019～2020 年	21	46.56b	50.02a	44.07c	46.56c
	15	49.37a	50.87a	44.68bc	46.52bc
	13	50.00a	51.00a	46.25ab	48.06ab
	11	47.01b	49.77a	46.64a	48.67a
	7	47.58b	50.88a	44.85bc	48.27a
	0	36.63c	41.13b	37.75d	43.33d
2020～2021 年	22	46.16b	48.77a	41.81b	43.35b
	16	47.50ab	50.40a	44.84ab	46.81a
	14	49.50a	51.82a	46.00a	48.85a
	12	48.97ab	52.41a	45.41a	47.20a
	8	45.78b	48.96a	41.70b	43.36b
	0	40.79c	42.54b	36.55c	39.72c

注：同一列不同小写字母代表 $P=0.05$ 水平下有显著性差异。

表 4-4　主体间效应检验

源	Y	D	S	Y×D	Y×S	D×S	Y×D×S
P 值	0.000	0.003	0.005	0.000	0.019	0.499	0.300

注：Y 为膜下滴灌应用年限；D 为土壤深度；S 为季节性冻融。

4.1.3　冻融对土壤三相比的影响

相较于冻结前，融化后 0～40 cm 土层气相比例降低 3.34%～40.42%，液相比例增加 25.74%～139.51%，固相比例降低 2.47%～7.09%；耕层以下 40～100 cm 土层气相比例增加 3.42%～31.17%，液相比例增加 4.27%～38.68%，固相比例降低 1.45%～8.97%（图 4-1 和图 4-2）。

　　主体间效应检验（表 4-5）表明，耕种年限、土壤深度、季节性冻融对土壤三相比例均产生显著影响。同时，耕种年限与土壤深度、耕种年限与季节性冻融、土壤深度与季节性冻融及季节性冻融与土壤液相和气相比例均具有显著的交互作用。

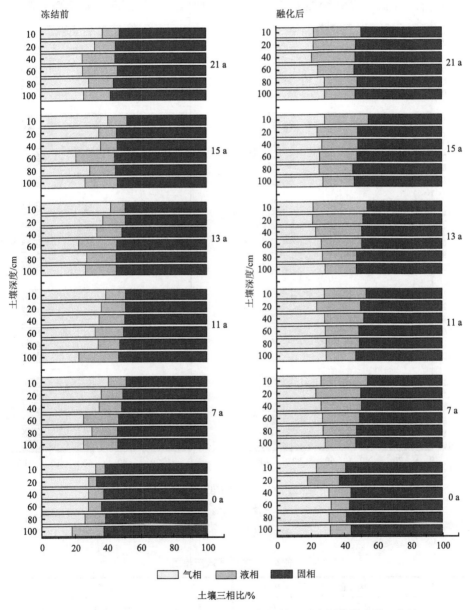

图 4-1　2019～2020 年不同膜下滴灌应用年限棉田及未垦荒地土壤三相比

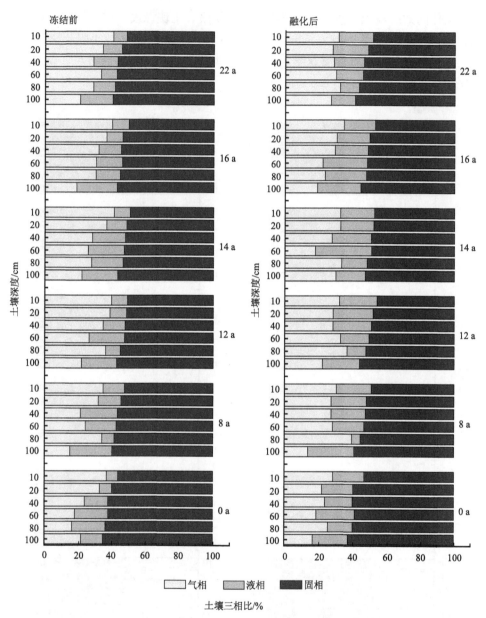

图 4-2　2020～2021 年不同膜下滴灌应用年限棉田及未垦荒地土壤三相比

表 4-5　主体间效应检验

源	因变量	P 值	源	因变量	P 值
	液相比例	0.000		液相比例	0.000
Y	气相比例	0.000	D	气相比例	0.000
	固相比例	0.000		固相比例	0.000

续表

源	因变量	P 值	源	因变量	P 值
	液相比例	0.000		液相比例	0.000
S	气相比例	0.000	D×S	气相比例	0.000
	固相比例	0.000		固相比例	0.818
	液相比例	0.000		液相比例	0.000
Y×D	气相比例	0.000	Y×S×D	气相比例	0.000
	固相比例	0.890		固相比例	0.999
	液相比例	0.000			
Y×S	气相比例	0.002			
	固相比例	0.989			

注：Y 为膜下滴灌应用年限；D 为土壤深度；S 为季节性冻融。

4.1.4　冻融对土壤机械稳定性团聚体的影响

本研究以未垦荒地和开垦 22 a 棉田为例探究季节性冻融对土壤团聚体剖面分布及稳定性的影响。结果发现，季节性冻融显著影响自然荒地浅层土壤>2 mm 和<0.25 mm 团聚体含量（表 4-6）。相较于冻结前，融化后自然荒地 0～10 cm 土层>2 mm 团聚体含量显著降低 6.83%，0～10 cm 和 10～20 cm 土层<0.25 mm 团聚体含量显著增加 4.19% 和 2.53%。季节性冻融显著降低膜下滴灌棉田>2 mm 和 0.5～1 mm 团聚体含量，增加 1～2 mm 团聚体含量。相较于冻结前，融化后>2 mm 和 0.5～1 mm 团聚体含量分别显著降低 6.18% 和 2.76%，1～2 mm 团聚体含量显著增加 7.01%。30 cm 和 40 cm 土层中团聚体含量降低幅度小于 10 cm 和 20 cm 土层。季节性冻融使自然荒地 0.5～1 mm 和 0.25～0.5 mm 团聚体含量分别增加 1.89% 和 0.55%（0～40 cm 均值）。季节性冻融造成膜下滴灌棉田 10 cm 和 20 cm 土层 0.25～0.5 mm 和<0.25 mm 团聚体比例增加，30 cm 和 40 cm 土层处 1～2 mm 团聚体比例上升。季节性冻融造成 10 cm 和 20 cm 土层团聚体平均重量直径和几何平均直径显著降低，表明季节性冻融显著降低表层（0～20 cm）土壤团聚体稳定性，其中未垦荒地 10～20 cm 土层平均重量直径和几何平均直径分别降低 0.23 mm 和 0.20 mm，滴灌棉田分别降低 0.18 mm 和 0.14 mm，棉田降低幅度小于荒地。季节性冻融对深层（30 cm 和 40 cm）土壤团聚体稳定性无显著影响（$P>0.05$）。

表 4-6　冻融对不同粒径机械稳定性团聚体比例剖面分布及稳定性的影响

| 土壤深度/cm | 时段 | 团聚体比例/% | | | | | 平均重量直径/mm | 几何平均直径/mm |
		>2 mm	1~2 mm	0.5~1 mm	0.25~0.5 mm	<0.25 mm		
未垦荒地	10	冻结前 43.98±1.71	10.27±0.21	20.88±2.53	18.82±0.85	6.04±0.14	2.37±0.06	1.39±0.03
		融化后 37.15±2.86	10.21±2.20	21.24±2.00	21.18±1.27	10.23±1.01	2.08±0.09	1.13±0.04
		P 值 0.024	0.962	0.860	0.056	0.002	0.010	0.001
	20	冻结前 41.37±1.08	11.56±1.68	22.49±3.12	17.93±1.78	6.64±0.44	2.28±0.03	1.34±0.03
		融化后 37.21±2.76	11.49±1.99	26.44±3.49	15.69±1.30	9.17±0.52	2.12±0.09	1.20±0.05
		P 值 0.072	0.965	0.217	0.153	0.003	0.046	0.017
	30	冻结前 43.87±2.79	12.54±0.38	23.13±3.33	14.49±0.67	5.97±0.17	2.40±0.11	1.46±0.08
		融化后 40.94±2.59	11.05±0.46	24.63±1.93	14.46±1.19	8.92±2.01	2.56±0.10	1.30±0.09
		P 值 0.253	0.012	0.536	0.965	0.065	0.180	0.088
	40	冻结前 42.36±1.99	10.95±2.01	24.74±1.29	12.81±0.85	9.14±0.37	2.32±0.07	1.32±0.04
		融化后 41.07±4.34	11.00±1.08	26.49±0.35	14.94±2.32	6.50±2.39	2.28±0.17	1.36±0.15
		P 值 0.664	0.972	0.085	0.209	0.131	0.731	0.846
膜下滴灌棉田	10	冻结前 37.55±1.25	7.81±2.18	20.94±1.15	22.85±0.52	10.85±1.96	2.06±0.03	1.09±0.05
		融化后 31.37±3.49	12.01±0.19	18.18±1.25	24.78±2.98	13.67±1.75	1.84±0.14	0.95±0.09
		P 值 0.045	0.029	0.048	0.33	0.137	0.057	0.061
	20	冻结前 35.2±1.81	16.76±1.71	31.51±0.34	6.10±2.51	10.43±2.17	2.11±0.06	1.26±0.05
		融化后 32.84±0.87	14.56±3.20	29.92±1.14	11.43±1.88	11.25±1.01	1.98±0.04	1.13±0.05
		P 值 0.111	0.353	0.089	0.042	0.581	0.037	0.042
	30	冻结前 32.04±0.24	9.62±3.01	22.70±1.38	25.39±2.14	10.26±1.48	1.86±0.04	0.99±0.06
		融化后 31.47±2.61	10.98±0.93	22.32±0.65	25.89±0.57	9.35±3.23	1.86±0.12	1.01±0.10
		P 值 0.723	0.496	0.689	0.711	0.680	0.919	0.845
	40	冻结前 32.31±4.98	9.47±4.99	26.80±0.81	18.57±4.37	12.85±4.55	1.88±0.25	1.01±0.22
		融化后 29.84±2.73	14.17±1.03	29.99±1.66	14.16±1.07	11.83±2.29	1.85±0.12	1.04±0.10
		P 值 0.494	0.185	0.040	0.165	0.746	0.840	0.864

注：冻结前和融化后土壤样品收集时间分别为 2019 年 11 月 15 日和 2020 年 3 月 28 日。

主体间效应检验（表 4-7）表明季节性冻融对>2 mm 团聚体比例、平均重量直径和几何平均直径有显著影响（$P<0.05$），季节性冻融与土地利用对团聚体平均重量直径和几何平均直径有显著的交互作用（$P<0.05$）。

表 4-7　主体间效应检验

因变量	源						
	L	D	S	L×D	L×S	D×S	L×D×S
>2 mm	0.000	0.752	0.000	0.027	0.561	0.125	0.857
1~2 mm	0.205	0.002	0.192	0.016	0.057	0.145	0.198
0.5~1 mm	0.009	0.000	0.185	0.000	0.048	0.149	0.183
0.25~0.5 mm	0.000	0.000	0.219	0.000	0.796	0.181	0.001
<0.25 mm	0.000	0.205	0.065	0.514	0.255	0.020	0.417
平均重量直径	0.000	0.827	0.000	0.005	0.361	0.092	0.908
几何平均直径	0.000	0.118	0.001	0.002	0.158	0.029	0.582

注：L 为土地利用方式（棉田/未垦荒地）；D 为土壤深度；S 为季节性冻融。

4.1.5　冻融对土壤水稳性团聚体的影响

本研究以未垦荒地和开垦 22 a 棉田为例探究季节性冻融对土壤水稳性团聚体组成特点及稳定性的影响。季节性冻融对<2 mm 水稳性团聚体比例、平均重量直径和几何平均直径有显著影响（$P<0.05$）（表 4-8），季节性冻融与土地开垦对各级团聚体比例及平均重量直径和几何平均直径具有显著的交互作用。在本研究中，季节性冻融降低了未垦荒地大团聚体（>0.25 mm）比例，尤其降低了 0.25~2 mm 团聚体比例（表 4-9）。在 0~40 cm 土层中，融化后>2 mm 和 0.25~2 mm 水稳性团聚体比例较冻结前分别降低 1.08%（$P>0.05$）和 9.26%（$P<0.05$）；而<0.25 mm 团聚体比例则不同程度增加，除 30 cm 土层外，0.053~0.25 mm 团聚体比例较冻结前显著增加 8.54%（$P<0.05$），<0.053 mm 团聚体比例增加 2.98%。与未垦荒地相反，季节性冻融增加了膜下滴灌棉田中大团聚体（>0.25 mm）比例，降低了微团聚体（<0.25 mm）比例。相较于冻结前，融化后膜下滴灌棉田中各土层>2 mm 和 0.25~2 mm 团聚体比例平均增加 0.80%（$P>0.05$）和 15.31%（$P<0.05$），0.053~0.25 mm 和<0.053 mm 团聚体比例分别平均降低 15.61%（$P<0.05$）和 0.66%（$P>0.05$）。冻结前，未垦荒地平均重量直径和几何平均直径分别为 0.56 mm 和 0.24 mm，季节性冻融使平均重量直径和几何平均直径分别降低为 0.42 mm 和 0.18 mm，表明季节性冻融破坏未垦荒地水稳性团聚体的稳定性；长期膜下滴灌棉田冻结前平均重量直径和几何平均直径分别为 0.46 mm 和 0.20 mm，融化后分别上升 0.66%和 0.28%，表明季节性冻融增加膜下滴灌棉田水稳性团聚体的稳定性。

表4-8　主体间效应检验

因变量	源						
	L	D	S	L×D	L×S	D×S	L×D×S
>2 mm	0.001	0.002	0.727	0.066	0.000	0.159	0.757
0.25～2 mm	0.000	0.000	0.000	0.000	0.000	0.005	0.055
0.053～0.25 mm	0.019	0.000	0.000	0.003	0.000	0.118	0.391
<0.053 mm	0.000	0.000	0.044	0.035	0.002	0.279	0.326
平均重量直径	0.000	0.578	0.014	0.004	0.000	0.074	0.678
几何平均直径	0.000	0.001	0.005	0.000	0.000	0.083	0.026

注：L 为土地利用方式（棉田/未垦荒地）；D 为土壤深度；S 为季节性冻融。

表4-9　冻融对土壤水稳性团聚体组成特征及稳定性的影响

土壤深度/cm	时段	团聚体比例/%				平均重量直径/mm	几何平均直径/mm
		>2 mm	0.25～2 mm	0.053～0.25 mm	<0.053 mm		
未垦荒地 10	冻结前	3.60±0.79	25.29±0.77	52.77±1.84	18.34±1.14	0.53±0.04	0.21±0.01
	融化后	2.55±0.30	13.42±1.77	63.04±3.78	20.99±2.30	0.37±0.003	0.15±0.002
	P 值	0.099	0.000	0.013	0.149	0.002	0.001
20	冻结前	2.87±0.29	32.54±4.52	50.17±4.48	14.42±0.52	0.58±0.03	0.25±0.02
	融化后	1.92±0.72	21.27±0.83	60.36±0.36	16.45±1.34	0.42±0.03	0.19±0.01
	P 值	0.101	0.013	0.017	0.071	0.005	0.008
30	冻结前	2.19±0.39	35.74±4.02	46.25±5.22	15.82±1.17	0.57±0.05	0.25±0.02
	融化后	0.62±0.16	28.37±2.17	50.07±1.82	20.95±0.76	0.43±0.02	0.19±0.01
	P 值	0.003	0.049	0.298	0.003	0.012	0.008
40	冻结前	2.64±0.08	32.90±2.33	46.17±2.08	18.28±4.45	0.56±0.03	0.23±0.03
	融化后	1.89±0.73	26.38±0.93	51.33±1.74	20.39±3.13	0.47±0.04	0.19±0.02
	P 值	0.154	0.011	0.030	0.538	0.033	0.112
膜下滴灌棉田 10	冻结前	2.66±0.30	26.76±0.32	57.42±1.35	13.16±0.75	0.51±0.01	0.23±0.00
	融化后	3.90±0.23	35.67±1.55	45.03±0.63	15.40±1.30	0.65±0.03	0.27±0.02
	P 值	0.005	0.001	0.000	0.061	0.001	0.009
20	冻结前	2.51±0.69	22.49±0.65	60.45±2.75	14.55±2.87	0.46±0.02	0.20±0.01
	融化后	3.05±0.20	41.92±4.33	42.91±4.77	12.13±0.56	0.68±0.04	0.32±0.02
	P 值	0.265	0.002	0.005	0.224	0.001	0.002
30	冻结前	2.70±0.18	21.96±0.42	58.03±1.05	17.31±0.53	0.46±0.01	0.19±0.00
	融化后	3.04±0.37	39.66±2.19	41.04±3.18	16.26±1.48	0.65±0.01	0.28±0.01
	P 值	0.231	0.000	0.001	0.311	0.000	0.000
40	冻结前	1.99±1.56	21.51±0.42	57.38±0.23	19.12±0.96	0.42±0.06	0.18±0.01
	融化后	3.70±0.59	36.71±2.57	41.86±2.67	17.73±2.04	0.65±0.03	0.26±0.02
	P 值	0.149	0.001	0.001	0.344	0.005	0.002

4.1.6　冻融对土壤水分分布的影响

未冻期至初冻期土壤水分变化如图 4-3 所示。膜下滴灌棉田表层 10 cm 处土壤含水量为 0.0825～0.1312 $g·g^{-1}$，原生盐碱荒地含水量为 0.0983 $g·g^{-1}$。相较于未冻期，初冻期各地块表层 10 cm 处土壤含水量均不同程度增加，幅度为 0.99%～44.51%；而在 20～50 cm 土层中，膜下滴灌棉田和盐碱荒地土壤水分变化不同，其中膜下滴灌棉田土壤含水量为 0.0965～0.2104 $g·g^{-1}$，较未冻期呈降低态势，平均下降幅度为 7.04%；原生盐碱荒地土壤含水量为 0.0802～0.1783 $g·g^{-1}$，较未冻期呈增加态势，平均增加 4.03%，但各地块前后差异均未达到显著水平；在 60～80 cm 土层中，膜下滴灌棉田土壤含水量为 0.0560～0.2588 $g·g^{-1}$，相较于未冻期各地块土壤含水量呈现增加态势，增加幅度为 2.71%～81.12%；盐碱荒地 70～100 cm 土层土壤含水量呈增加态势，增加幅度为 28.07%～45.80%。在 100～200 cm 土层中，膜下滴灌棉田和盐碱荒地土壤含水量分别为 0.0785～0.2776 $g·g^{-1}$ 和 0.0758～2274 $g·g^{-1}$，较未冻期均呈降低态势（少数土层增加），降低幅度为 1.98%～53.41%。

初冻期至冻结期土壤水分变化如图 4-4 所示。初冻期与冻结期土壤水分的变化具有明显的分层特征，即上层土壤变化相对较大，下层土壤变化相对较小，且膜下滴灌棉田变异程度大于未垦荒地。相较于初冻期，冻结期膜下滴灌棉田和未垦荒地 0～40 cm 土层土壤含水量平均增加 20.84% 和 8.50%。在 40～140 cm 土层中，膜下滴灌棉田和未垦荒地土壤水分较初冻期分别降低 10.74% 和 5.41%，且在部分深度差异达到显著水平。在 140～200 cm 土层中，土壤含水量前后变化较小，整体呈下降态势，膜下滴灌棉田和未垦荒地分别降低 2.06% 和 6.11%。

冻结期至融化期土壤水分变化如图 4-5 所示。融化期膜下滴灌棉田 10 cm 和 20 cm 土层处土壤含水量分别为 0.1570～0.2169 $g·g^{-1}$ 和 0.1310～0.1797 $g·g^{-1}$，10 cm 土层处土壤含水量高于 20 cm 处。相较于冻结期，融化期膜下滴灌棉田 10 cm 和 20 cm 土层处土壤含水量分别显著增加 64.66% 和 49.71%。滴灌棉田和未垦荒地 20 cm 以下土层土壤含水量分布无显著差异。

融化期至播种前期土壤水分变化如图 4-6 所示。该时段内，膜下滴灌棉田上层土壤（0～60 cm）含水量显著增加，含水量为 0.1564～0.3295 $g·g^{-1}$，较融化期显著提高 9.91%～63.43%；60 cm 以下土层土壤含水量平均提高 11.72%。播种前期未垦荒地 0～30 cm 土层含水量较融化期水分平均降低 12.28%，其中 10 cm 和 20 cm 土层处差异达显著水平；40～70 cm 土层含水量平均增加 30.12%，其中 50 cm 和 60 cm 土层深度差异达到显著水平；100～160 cm 土层含水量平均增加 27.43%，差异不显著。

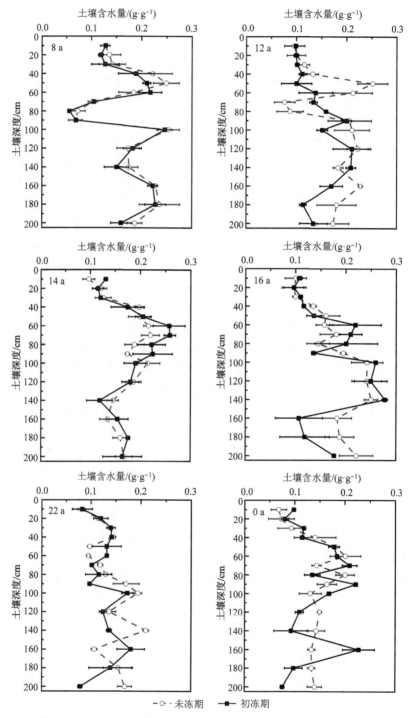

图4-3 不同膜下滴灌应用年限棉田未冻期至初冻期土壤水分变化

注：土壤样品采集时间分别为2020年11月6日和2020年11月25日。

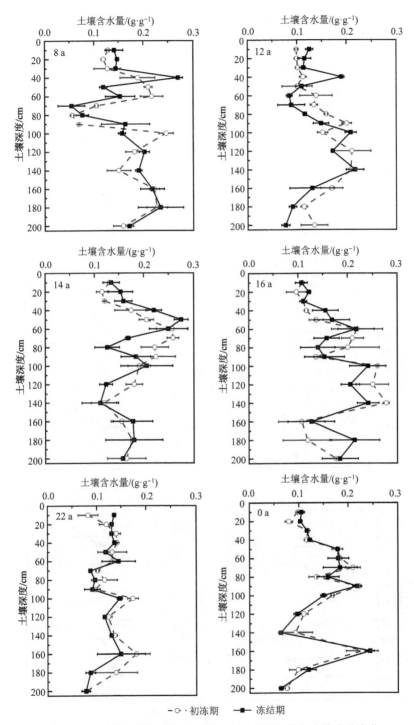

图 4-4　不同膜下滴灌应用年限棉田初冻期至冻结期土壤水分变化

注：土壤样品采集时间分别为 2020 年 11 月 25 日和 2020 年 12 月 10 日。

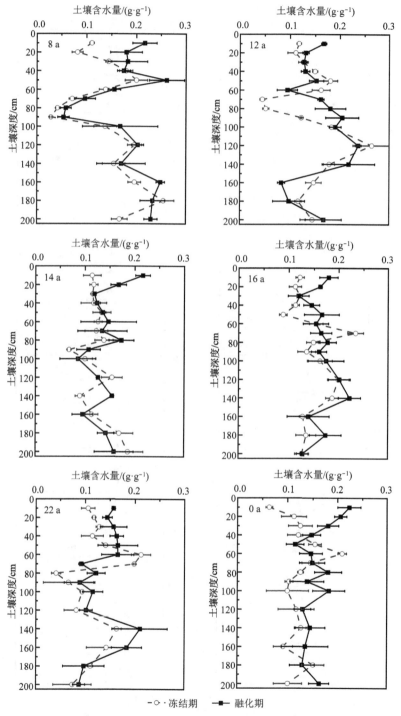

图 4-5　不同膜下滴灌应用年限棉田冻结期至融化期土壤水分变化

注：土壤样品采集时间分别为 2020 年 1 月 10 日和 2020 年 3 月 20 日。

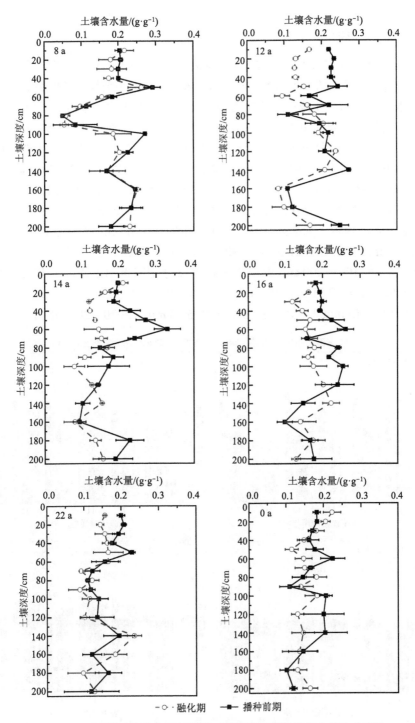

图 4-6 不同膜下滴灌应用年限棉田融化期至播种前期土壤水分变化

注：土壤样品采集时间分别为 2020 年 3 月 20 日和 2020 年 3 月 30 日。

4.1.7　冻融对土壤贮水量的影响

2019～2020 年与 2020～2021 年非灌溉季节不同膜下滴灌应用年限棉田及未垦荒地土壤贮水量如图 4-7 和图 4-8 所示。未冻期至播种前期，各地块 0～200 cm 土层土壤贮水量均呈先减小后增加的态势，且在冻结期贮水量最低。相较于未冻期，冻结期膜下滴灌棉田 0～200 cm 土层土壤贮水量显著减少 19.59～86.33 mm（2019～2020 年）和 34.98～112.63 mm（2020～2021 年），其中 40～100 cm 土层和 100～200 cm 土层土壤贮水量分别降低 22.56～47.26 mm 和 3.23～46.94 mm（2019～2020 年）、8.13～34.57 mm 和 9.13～93.86 mm（2020～2021 年），0～40 cm 土层土壤贮水量 2019～2020 年增加 1.26～18.10 mm，2020～2021 年平均降低 3.14 mm。相较于未冻期，冻结期未垦荒地 0～200 cm 土层土壤贮水量显著减少 21.79 mm（2019～2020 年）和 56.98 mm（2020～2021 年），其中 40～100 cm 土层和 100～200 cm 土层土壤贮水量分别降低 12.36 mm 和 28.88 mm（2019～2020 年）、2.81 mm 和 61.01 mm（2019～2020 年），0～40 cm 土层土壤贮水量增加 19.45 mm（2019～2020 年）和 6.84 mm（2020～2021 年）。

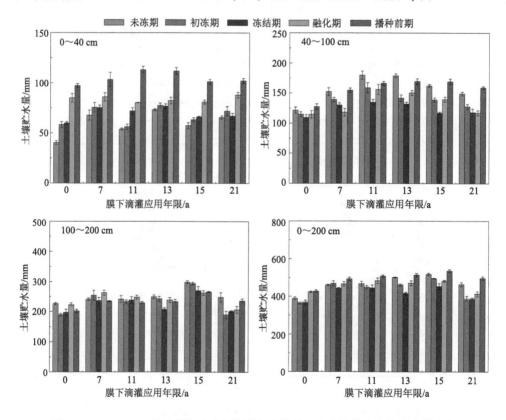

图 4-7　2019～2020 年非灌溉季节不同滴灌年限棉田和未垦荒地土壤贮水量变化

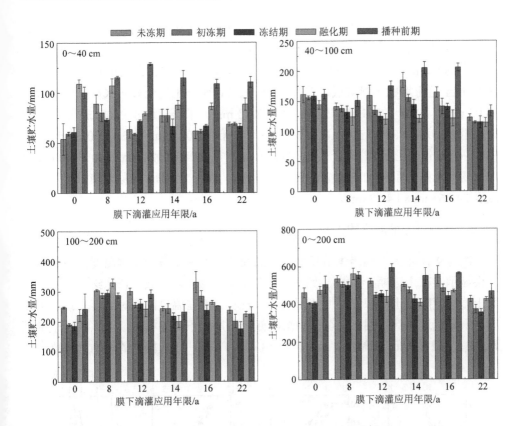

图 4-8　2020~2021 年非灌溉季节不同滴灌年限棉田和未垦荒地土壤贮水量变化

融化期和播种前期，各地块 0~200 cm 土层土壤贮水量显著增加。播种前期膜下滴灌棉田 0~200 cm 土层土壤贮水量较冻结期增加 51.62~99.34 mm（2019~2020 年）和 53.86~138.77 mm（2020~2021 年）。其中，0~40 cm 土层土壤贮水量增加 28.22~41.36 mm（2019~2020 年）和 42.05~56.83 mm（2020~2021 年），40~100 cm 土层土壤贮水量增加 24.90~52.58 mm（2019~2020 年）和 18.79~65.40 mm（2020~2021 年），各地块 100~200 cm 土层土壤贮水量变化不显著，膜下滴灌 7~11 a 及 15 a 地块土壤贮水量降低，而其余地块的土壤贮水量则呈增加态势。未垦荒地 0~200 cm 土层土壤贮水量 2 a 分别增加 110.65 mm 和 112.01 mm，其中，0~40 cm 土层土壤贮水量分别增加 37.32 mm 和 39.42 mm，40~100 cm 土层土壤贮水量分别增加 17.93 mm 和 3.20 mm，100~200 cm 土层土壤贮水量分别增加 4.62 mm 和 56.44 mm。

在两年试验中，膜下滴灌棉田和未垦荒地在经过非灌溉季节冻融循环后，0~200 cm 土层土壤贮水量显著增加。与未冻期相比，膜下滴灌棉田土壤贮水量增加 13.01~40.23 mm（2019~2020 年）和 9.79~70.88 mm（2020~2021 年），其中 0～40 cm 土层土壤贮水量分别增加 35.64～59.46 mm（2019～2020 年）和 26.07～65.22 mm（2020～2021 年）。40～100 cm 土层土壤贮水量分别增加 2.34～9.89 mm（2019～2020 年）和 9.48～41.45 mm（2020～2021 年）。100～200 cm 土层土壤贮水量降低，其中 2019～2020 年该土层土壤贮水量降低 5.94～33.03 mm，2020～2021 年降低 10.09～78.88 mm。未垦荒地 0～200 cm 土层土壤贮水量分别增加 38.07 mm（2019～2020 年）和 42.08 mm（2020～2021 年），其中 0～40 cm 土层土壤贮水量 2 年分别增加 56.77 mm 和 46.26 mm，40～100 cm 土层土壤贮水量分别增加 5.57 mm 和 0.40 mm，100～200 cm 土层土壤贮水量分别减少 24.26 mm 和 4.57 mm。

4.1.8　冻融对土壤温度的影响

图 4-9 所示为非灌溉季节长期膜下滴灌棉田及未垦荒地土壤温度垂向分布。结果显示，在未冻期，土壤温度随着土壤深度的增加而降低；在冻结期则相反，即土壤温度随着土壤深度的增加而升高，表明土壤在温度降低时具有一定保温能力。未垦荒地和新垦棉田土壤平均温度低于长期膜下滴灌棉田：未冻期，未垦荒地（0 a）及连续膜下滴灌 7 a、11 a、13 a、15 a 和 21 a 棉的平均土壤温度分

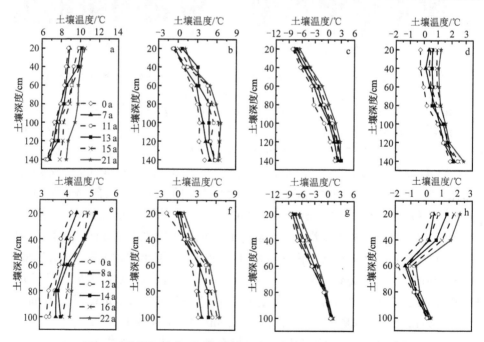

图 4-9　非灌溉季节不同滴灌年限棉田和未垦荒地土壤温度变化

注：a～d 为 2019～2020 年未冻期、初冻期、冻结期、融化期土壤温度；
e～h 为 2020～2021 年未冻期、初冻期、冻结期、融化期土壤温度。

别为 6.08℃、6.28℃、6.51℃、6.70℃、7.06℃和 7.44℃，盐碱荒地开垦为膜下滴灌棉田年限越长，气温下降时土壤保温能力越强，土壤温度相对越高；初冻期未垦荒地（0 a）和连续膜下滴灌 7 a、11 a、13 a、15 a 和 21 a 棉田的土壤平均温度分别为 0.76℃、1.39℃、2.26℃、2.25℃、2.95℃和 3.32℃；冻结期未垦荒地（0 a）和连续膜下滴灌 7 a、11 a、13 a、15 a 和 21 a 棉田的土壤平均温度分别为-3.25℃、-2.66℃、-2.45℃、-2.06℃、-1.66℃和-1.28℃；融化期未垦荒地（0 a）和连续膜下滴灌 7 a、11 a、13 a、15 a 和 21 a 棉田的土壤平均温度分别为 0.13℃、0.44℃、0.56℃、0.67℃、0.96℃和 1.17℃。整个非灌溉季节中，膜下滴灌棉田土壤平均温度较未垦荒地高 1.06℃，土壤温度总体表现为 7 a<11 a<13 a<15 a<21 a，说明膜下滴灌条件下土壤保温能力逐年提高。

4.2　冻融对土壤化学质量的影响

4.2.1　冻融对土壤总氮的影响

季节性冻融对膜下滴灌棉田土壤总氮的影响见表 4-10。与冻结前土壤相比，季节性冻融降低了 0～20 cm 土层土壤总氮含量。其中，2019～2020 年季节性冻融使连续应用膜下滴灌 7 a、11 a、13 a、15 a 和 21 a 棉田 0～20 cm 土层土壤总氮含量分别减少 27.27%、59.09%、28.57%、32.10%和 32.47%；2020～2021 年季节性冻融使连续应用膜下滴灌 8 a、12 a、14 a、16 a 和 22 a 棉田 0～20 cm 土层土壤总氮含量分别减少 24.14%、87.18%、36.11%、37.18%和 48.15%。在 20～40 cm 土层中，季节性冻融后，2019～2020 年土壤总氮含量平均增加 31.82%，2020～2021 年土壤总氮含量平均增加 35.71%。

表 4-10　冻融对土壤总氮的影响

| 土壤深度/cm | 时段 | 滴灌应用年限/a | | | | | | 平均值 |
		0	7	11	13	15	21	
2019～2020 年	0～20	PF/(g·kg⁻¹) 0.12±0.07	0.55±0.06	0.44±0.11	0.77±0.04	0.81±0.06	0.77±0.08	0.58
		AT/(g·kg⁻¹) 0.03±0.02	0.40±0.04	0.18±0.04	0.55±0.04	0.55±0.06	0.52±0.09	0.38
		P 值 0.191	0.024	0.016	0.002	0.006	0.093	
	20～40	PF/(g·kg⁻¹) 0.13±0.04	0.26±0.20	0.56±0.17	0.64±0.13	0.36±0.10	0.63±0.01	0.44
		AT/(g·kg⁻¹) 0.11±0.07	0.15±0.01	0.41±0.17	0.43±0.10	0.33±0.05	0.32±0.01	0.29
		P 值 0.763	0.001	0.331	0.089	0.736	0.001	
2020～2021 年	0～20	PF/(g·kg⁻¹) 0.12±0.01	0.29±0.03	0.39±0.04	0.72±0.09	0.78±0.11	1.08±0.09	0.56
		AT/(g·kg⁻¹) 0.02±0.00	0.22±0.04	0.73±0.19	0.46±0.18	0.49±0.20	0.56±0.06	0.41
		P 值 0.007	0.098	0.047	0.117	0.121	0.022	

续表

土壤深度/cm	时段	滴灌应用年限/a						平均值
		0	7	11	13	15	21	
2020～2021年　20～40	PF/(g·kg⁻¹)	0.04±0.00	0.42±0.04	0.36±0.11	0.85±0.10	0.48±0.01	0.19±0.03	0.42
	AT/(g·kg⁻¹)	0.20±0.13	0.67±0.19	0.79±0.05	0.56±0.32	0.48±0.21	0.71±0.10	0.57
	P值	0.223	0.097	0.014	0.21	0.974	0.003	

注：PF 表示冻结前（prefreezing）；AT 表示融化后（after thawing）；P 值<0.05，表示季节性冻融产生显著影响。下同。

4.2.2　冻融对土壤总碳的影响

季节性冻融对膜下滴灌棉田土壤总碳的影响见表 4-11。与冻结前土壤相比，季节性冻融提高了 0～40 cm 土层土壤总碳含量。整体来看，季节性冻融使土壤 0～20 cm 和 20～40 cm 土层土壤总碳含量分别提高 0.78%～60.78%和 2.63%～40.78%。其中，2019～2020 年，季节性冻融使连续应用膜下滴灌 7 a、11 a、15 a 和 21 a 棉田 0～20 cm 土层土壤总碳含量分别增加 50.50%、44.76%、7.21%和7.75%；使 20～40 cm 土层土壤总碳含量分别增加 21.88%、40.78%、13.33%和14.58%。2020～2021 年，季节性冻融使连续应用膜下滴灌 8 a、12 a、14 a、16 a 和 22 a 棉田 0～20 cm 土层土壤总碳含量分别增加 60.78%、36.79%、0.78%、15.52%和16.06%；使 20～40 cm 土层土壤总碳含量分别增加 34%、36.27%、6.82%、2.63%和37.96%。

表 4-11　冻融对土壤总碳的影响

土壤深度/cm	时段	滴灌应用年限/a						平均值
		0	7	11	13	15	21	
2019～2020年　0～20	PF/(g·kg⁻¹)	5.46±0.59	10.08±0.32	10.53±0.53	12.93±0.08	11.11±0.41	14.21±1.49	10.72
	AT/(g·kg⁻¹)	10.37±0.27	15.21±2.60	15.19±1.91	11.29±1.01	11.89±2.98	15.28±0.53	13.21
	P值	0.001	0.027	0.015	0.049	0.562	0.191	
20～40	PF/(g·kg⁻¹)	5.17±0.98	9.58±0.45	10.31±0.65	12.97±1.43	10.49±0.48	14.37±0.72	10.48
	AT/(g·kg⁻¹)	11.06±1.39	11.73±0.97	14.45±0.62	12.49±0.61	11.95±2.01	16.47±1.23	13.03
	P值	0.003	0.025	0.001	0.62	0.289	0.053	
2020～2021年　0～20	PF/(g·kg⁻¹)	4.38±0.13	10.15±0.48	10.64±0.85	12.97±0.46	11.55±0.88	13.68±0.95	10.53
	AT/(g·kg⁻¹)	13.29±1.75	16.43±2.14	14.49±1.61	12.90±0.88	13.43±0.49	15.93±0.70	14.41
	P值	0.001	0.008	0.021	0.865	0.032	0.031	
20～40	PF/(g·kg⁻¹)	5.55±0.65	10.05±0.27	10.22±0.54	13.15±1.59	11.36±1.54	10.83±0.46	10.19
	AT/(g·kg⁻¹)	11.42±0.55	13.41±0.57	13.94±0.65	14.14±1.08	11.74±1.42	14.94±0.63	1.33
	P值	0.000	0.001	0.002	0.081	0.768	0.001	

4.2.3　冻融对土壤有效磷的影响

季节性冻融对膜下滴灌棉田土壤有效磷的影响见表 4-12。与冻结前土壤相比，季节性冻融提高了 0～40 cm 土层土壤有效磷含量。整体来看，季节性冻融使土壤 0～20 cm 和 20～40 cm 土层土壤有效磷含量分别提高 5.17%～54.21%和1.61%～54.78%。其中，2019～2020 年，季节性冻融使连续应用膜下滴灌 7 a、11 a、13 a、15 a 和 21 a 棉田 0～20 cm 土层土壤有效磷含量分别增加 33.74%、5.17%、27.55%、36.80%和 47.62%；使 20～40 cm 土层土壤有效磷含量分别增加27.67%、8.16%、3.85%、1.61%和 17.93%。2020～2021 年，季节性冻融使连续应用膜下滴灌 8 a、12 a、14 a、16 a 和 22 a 棉田 0～20 cm 土壤土层有效磷含量分别增加 54.21%、21.16%、13.44%、49.61%和 16.60%；使 20～40 cm 土壤土层有效磷含量分别增加 54.78%、23.25%、6.79%、27.29%和 35.71%。

表 4-12　冻融对土壤有效磷的影响

土壤深度/cm		时段	滴灌应用年限/a						平均值
			0	7	11	13	15	21	
2019～2020 年	0～20	PF/(mg·kg⁻¹)	2.37±0.26	9.72±1.25	12.18±1.31	17.42±1.19	13.48±1.20	20.81±0.80	12.66
		AT/(mg·kg⁻¹)	4.03±0.08	13.00±3.19	12.81±0.59	22.22±2.52	18.44±0.44	30.72±1.81	16.52
		P 值	0.000	0.174	0.223	0.041	0.003	0.002	
	20～40	PF/(mg·kg⁻¹)	2.79±0.32	7.30±0.32	11.40±1.73	14.54±1.19	9.32±1.42	16.79±1.58	10.36
		AT/(mg·kg⁻¹)	3.43±0.63	9.32±1.53	12.33±0.71	15.10±3.13	9.47±2.08	19.80±1.85	11.58
		P 值	0.198	0.064	0.439	0.599	0.924	0.198	
2020～2021 年	0～20	PF/(mg·kg⁻¹)	3.08±1.07	9.63±1.02	13.09±0.64	18.75±2.46	8.97±0.42	25.00±1.52	13.87
		AT/(mg·kg⁻¹)	6.51±1.28	14.85±0.48	15.86±1.01	21.27±0.40	13.42±1.24	29.15±3.09	16.84
		P 值	0.053	0.004	0.043	0.154	0.018	0.188	
	20～40	PF/(mg·kg⁻¹)	3.74±0.33	5.13±0.13	8.30±1.48	14.14±2.27	5.79±2.38	14.59±0.15	8.62
		AT/(mg·kg⁻¹)	3.42±0.63	7.94±0.36	10.23±0.71	15.10±1.43	7.37±0.34	19.80±1.85	10.64
		P 值	0.564	0.002	0.133	0.589	0.305	0.032	

4.2.4　冻融对土壤盐分动态的影响

非灌溉季节长期膜下滴灌棉田土壤盐分动态表现出明显的阶段性变化（图 4-10）。0～100 cm 土层土壤盐分动态可分为冻结期积盐、融化前期脱盐、融化后期积盐 3 个阶段。在冻结期（阶段 1），随着气温逐渐降低到 0℃以下，液态土壤水被冻结，冻结锋处附近土壤负压梯度增加，土壤中的液态水由温度势及水分势相对较高的下层土壤移动到温度势及水分势相对较低的上层土壤，盐分被携带至上层土壤，各地块均出现小幅度积盐。其中，0～40 cm 土层盐碱荒地和滴灌棉田储盐量分别增加 8.82 Mg·hm⁻² 和 1.34 Mg·hm⁻²，盐分通量分别为 0.128 Mg·hm^{-2}·d^{-1} 和 0.017 Mg·hm^{-2}·d^{-1}（表 4-13）；40～100 cm 土层储盐量分别增加 20.09 Mg·hm^{-2} 和 5.23 Mg·hm^{-2}，盐分通量分别为 0.297 Mg·hm^{-2}·d^{-1} 和 0.077 Mg·hm^{-2}·d^{-1}。在此阶段，100～200 cm 土层土壤储盐量降低，其中盐碱荒地降低 19.55 Mg·hm^{-2}，盐分通量为-0.279 Mg·hm^{-2}·d^{-1}，滴灌棉田平均降低 1.06 Mg·hm^{-2}，盐分通量为-0.018 Mg·hm^{-2}·d^{-1}。0～200 cm 总储盐量增加 9.36 Mg·hm^{-2} 和 5.51 Mg·hm^{-2}，盐分通量为 0.147 Mg·hm^{-2}·d^{-1} 和 0.082 Mg·hm^{-2}·d^{-1}。

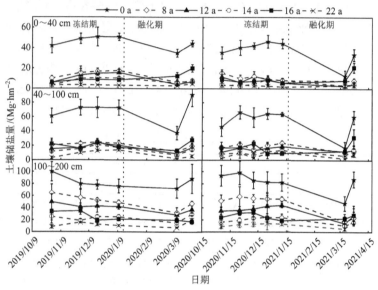

图 4-10　非灌溉季节不同滴灌年限棉田土壤储盐量动态

注：滴灌年限以 2020～2021 年冬天计。

在融化前期（阶段 2），气温回升，积雪融化，雪水入渗淋洗土壤盐分。此阶段内，各地块 0～200 cm 土层土壤储盐量降低。其中，0～40 cm 土层盐碱荒地和滴灌棉田储盐量分别降低 23.77 Mg·hm^{-2} 和 2.78 Mg·hm^{-2}，盐分通量分别为 -0.356 Mg·hm^{-2}·d^{-1} 和-0.045 Mg·hm^{-2}·d^{-1}；40～100 cm 土层分别降低 45.99 Mg·hm^{-2} 和 9.16 Mg·hm^{-2}，盐分通量分别为-0.694 Mg·hm^{-2}·d^{-1} 和-0.141 Mg·hm^{-2}·d^{-1}；100～200 cm 土层分别降低 19.06 Mg·hm^{-2} 和 12.73 Mg·hm^{-2}，盐分通量分别为 -0.276 Mg·hm^{-2}·d^{-1} 和-0.191 Mg·hm^{-2}·d^{-1}。0～200 cm 土层总储盐量较冻结期减少 88.82 Mg·hm^{-2} 和 24.67 Mg·hm^{-2}，盐分通量分别为-1.311 Mg·hm^{-2}·d^{-1} 和 -0.360 Mg·hm^{-2}·d^{-1}。

在融化后期（阶段 3），雪水入渗抬高的地下水位，田面蒸发作用下盐分表聚，土壤储盐量剧烈上升。相较于融化前期，盐碱荒地和滴灌棉田 0～40 cm 土层土壤储盐量分别增加 15.14 Mg·hm^{-2} 和 3.30 Mg·hm^{-2}，盐分通量分别为 1.224 Mg·hm^{-2}·d^{-1} 和 0.251 Mg·hm^{-2}·d^{-1}；40～100 cm 土层分别增加 48.72 Mg·hm^{-2} 和

表 4-13　不同膜下滴灌年限棉田非灌溉季节不同阶段土壤盐分通量　　（单位：Mg·hm⁻²·d⁻¹）

土壤深度/cm	阶段	滴灌应用年限/a										
		0	7	8	11	12	13	14	15	16	21	22
0~40	阶段1	0.128a	0.105ab	-0.111g	0.135a	-0.091g	0.098ab	0.070bc	0.034cd	-0.046f	-0.002de	-0.023ef
	阶段2	-0.356e	-0.184d	-0.002abc	-0.187d	-0.042bc	-0.074c	-0.073c	0.064a	0.032ab	-0.005abc	0.023ab
	阶段3	1.224a	0.038b	0.018b	0.164b	0.218b	0.138b	0.173b	0.452b	1.180a	0.119b	0.006b
40~100	阶段1	0.297a	0.036cd	0.179b	0.068bc	0.161bc	0.080bc	0.103bc	-0.067d	-0.091d	0.151bc	0.147bc
	阶段2	-0.694e	-0.176bcd	-0.253d	-0.182bcd	-0.133bcd	-0.161bcd	-0.129bc	-0.065ab	0.023a	-0.191cd	-0.140bcd
	阶段3	3.580d	0.425cd	0.194d	0.477cd	0.186d	0.438cd	0.768c	0.856c	1.731b	0.202d	0.491cd
100~200	阶段1	-0.279f	-0.190ef	0.044abc	-0.106cde	0.180a	-0.007ab	0.115ab	-0.175def	-0.079cde	0.028abc	0.070abc
	阶段2	-0.276cd	-0.267cd	-0.533e	-0.218bcd	-0.422de	-0.158abc	-0.185bc	-0.024ab	0.054a	-0.051ab	-0.109abc
	阶段3	2.292a	0.891bc	0.628bc	0.513bc	1.151bc	0.852bc	0.479bc	-0.162c	0.517bc	0.740bc	1.211ab
0~200	阶段1	0.147ab	-0.049bc	0.113ab	0.096ab	0.251a	0.171ab	0.288a	-0.208c	-0.216c	0.178ab	0.195ab
	阶段2	-1.311e	-0.531cd	-0.837d	-0.497cd	-0.633cd	-0.333abc	-0.409bcd	-0.021ab	0.116a	-0.210abc	-0.240bc
	阶段3	1.343a	0.320bc	0.140c	0.272bc	0.259c	0.337bc	0.236c	0.271bc	0.571b	0.250c	0.285bc

注：土壤盐分通量为正时表示土层发生积盐，土壤盐分通量为负时表示该土层发生脱盐。

7.78 Mg·hm^{-2}，盐分通量分别为 3.58 Mg·hm^{-2}·d^{-1} 和 0.577 Mg·hm^{-2}·d^{-1}；100～200 cm 土层储盐量分别增加 28.06 Mg·hm^{-2} 和 9.20 Mg·hm^{-2}，盐分通量分别为 2.292 Mg·hm^{-2}·d^{-1} 和 0.682 Mg·hm^{-2}·d^{-1}；0～200 cm 土层总储盐量分别增加 91.93 Mg·hm^{-2} 和 20.29 Mg·hm^{-2}，盐分通量分别为 1.343 Mg·hm^{-2}·d^{-1} 和 0.294 Mg·hm^{-2}·d^{-1}。

膜下滴灌年限显著影响非灌溉季节不同阶段土壤盐分通量（表 4-13）。在冻结期（阶段 1），0～40 cm 土层土壤盐分通量总体上随着滴灌年限的增加而减小，即膜下滴灌年限越长，盐分上移表聚速率越慢。当膜下滴灌年限>16 a，土壤盐分通量由正变为负，说明长期膜下滴灌棉田在冻结阶段呈脱盐并非积盐状态；当膜下滴灌年限<16 a，棉田 100～200 cm 土层土壤盐分通量均为负，即膜下滴灌应用<16 a 棉田该阶段内积盐。同时，盐分通量绝对值随着滴灌年限增加呈波动下降，表明膜下滴灌年限越短，积盐速率越大。在融化前期（阶段 2），0～40 cm 土层盐分通量绝对值最大出现在原生荒地处理（-0.356 Mg·hm^{-2}·d^{-1}），2004 年开垦地块（膜下滴灌应用 15 a 和 16 a）出现积盐现象（盐分通量为正），其余膜下滴灌棉田盐分通量均为负，且随着膜下滴灌应用年限的增加，盐分通量的绝对值减小。100～200 cm 土层土壤盐分通量与 0～40 cm 土层类似，盐分通量的绝对值随着膜下滴灌应用年限的增加逐年减小（15 a 和 16 a 除外）。0～200 cm 土层平均盐分通量均为负，即此阶段土壤盐分表现为脱盐态势，且随着膜下滴灌应用年限的增加，盐分通量增加。在融化后期（阶段 3），盐碱荒地盐分通量显著高于膜下滴灌棉田，长期膜下滴灌应用（16 a）0～100 cm 土层盐分通量显著增加，一定程度上表明长期膜下滴灌有土壤次生盐渍化的风险。

4.2.5　冻融对播种前土壤盐分分布的影响

对播种前期各地块土壤盐分含量剖面分布如图 4-11 所示。结果表明，荒地土壤含盐量为 3.99～11.01 g·kg^{-1}，表层（0～40 cm）含盐量为 6.75 g·kg^{-1}（2 年平均值），属于强度盐渍土（4.0～10.0 g·kg^{-1}）。膜下滴灌棉田土壤含盐量低于荒地，垂直方向上表现为表层（0～40 cm）和深层（100～200 cm）含盐量高，中间（40～100 cm）土层含盐量低。2004 年开垦地块（对应膜下滴灌应用年限为 15 a 和 16 a）0～60 cm 土壤含盐量为 2.12～6.26 g·kg^{-1}，盐分表聚现象明显，其余地块 0～40 cm 土层土壤含盐量均小于 2 g·kg^{-1}，属于轻度盐化土壤。与棉花收获时土壤盐分垂向分布类似，膜下滴灌应用年限显著影响 100～200 cm 土层土壤含盐量，以试验第一年（2019～2020 年）监测数据为例，膜下滴灌应用 7 a、11 a、13 a、15 a 和 21 a 棉田的土壤盐分均值分别是 3.49 g·kg^{-1}、2.66 g·kg^{-1}、1.83 g·kg^{-1}、1.14 g·kg^{-1} 和 1.43 g·kg^{-1}，即膜下滴灌应用年限越长，深层土壤（100～200 cm）含盐量越少。另外，长期膜下滴灌棉田（13～22 a）深层土壤盐分分布更均匀，随着土壤深度增加产生的波动起伏小于 7～12 a 棉田。

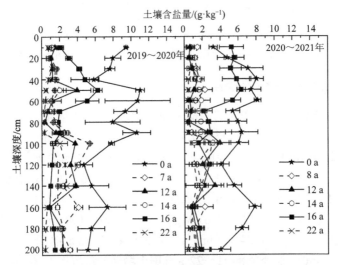

图 4-11 棉花播种前不同滴灌年限棉田土壤含盐量剖面分布

注：取样时间为 2020 年 4 月 1 日和 2021 年 3 月 31 日。

4.2.6 冻融对不同土层盐分迁移的影响

棉花收获后至次年播种前，不同膜下滴灌年限棉田和原生盐碱荒地前后各土壤深度盐分变化如图 4-12 所示。荒地除少数土层盐分减少外，0～100 cm 土层内各深度土壤含盐量均较冻融前增加，增加量为 0.61～6.57 g·kg⁻¹，深层土壤（100～200 cm）含盐量降低 0.31～3.14 g·kg⁻¹。膜下滴灌应用 7～12 a 棉田土壤盐

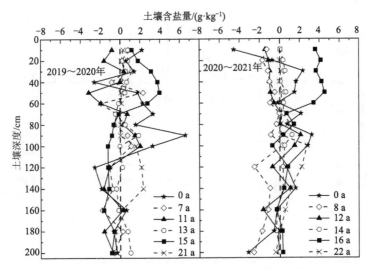

图 4-12 非灌溉季节前后不同膜下滴灌年限棉田土壤含盐量差异

注：数字为正时表示该土层发生积盐，土壤盐分通量为负时表示该土层发生脱盐。下同。

分变化大部分为负值，即各土层总体表现为脱盐，而膜下滴灌应用 13～22 a 棉田土壤盐分变化大部分为正值，即各土层总体表现为积盐，其中膜下滴灌应用 15～16 a 棉田 0～60 cm 土层盐分增加幅度较大，为 1.18～4.53 g·kg⁻¹。

4.2.7　冻融对土壤储盐量的影响

非灌溉季节长期膜下滴灌棉田储盐量变化如图 4-13 所示。经历非灌溉季节性冻融后，0～40 cm 土层中，荒地土壤储盐量增加 0.13 Mg·hm⁻²，耕地土壤储盐量平均增加 2.01 Mg·hm⁻²。不同膜下滴灌应用年限棉田非灌溉季节土壤脱/积盐趋势不同，应用膜下滴灌 7～12 a（11 a 除外）棉田 0～40 cm 土层储盐量均降低，降低量为 2.10～5.15 Mg·hm⁻²；而应用膜下滴灌 13～22 a 棉田该土层内土壤储盐量增加，增加量为 0.12～15.65 Mg·hm⁻²。在 40～100 cm 土层中，荒地储盐量上升幅度较大，达 10.24 Mg·hm⁻²，膜下滴灌 7～8 a 棉田土壤储盐量减少 0.61～2.47 Mg·hm⁻²，膜下滴灌 11～22 a 棉田土壤储盐量增加 1.26～9.65 Mg·hm⁻²。在 100～200 cm 土层中，荒地土壤储盐量较季节性冻融前减少 4.88 Mg·hm⁻²，膜下滴灌 7～15 a 棉田该土层土壤储盐量平均降低 3.38 Mg·hm⁻²，且储盐量的降低量随着滴灌年限的增加而减小。膜下滴灌 16～22 a，该土层土壤储盐量均不同程度增加，平均增加量为 2.86 Mg·hm⁻²。0～200 cm 土层土壤储盐量随着膜下滴灌年限的增加表现出先脱盐再积盐的特征，其中荒地土壤总储盐量增加 13.26 Mg·hm⁻²，膜下滴灌 7～12 a 储盐量平均降低 7.56 Mg·hm⁻²，其中膜下滴灌 8 a 储盐量降低幅度最大，达 16.66 Mg·hm⁻²，膜下滴灌 13～22 a 棉田储盐量增加，平均增量为 10.11 Mg·hm⁻²，膜下滴灌 16 a 棉田土壤非灌溉季节返盐严重。

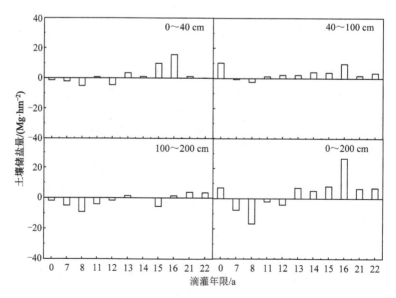

图 4-13　非灌溉季节不同滴灌年限棉田土壤储盐量变化

4.3　冻融对土壤生物质量的影响

4.3.1　冻融对土壤表层细菌和真菌高质量序列量及分类单元数的影响

季节性冻融显著降低土壤表层细菌和真菌的高质量序列量（图 4-14）。冻结前细菌高质量序列量为 52446～82300，融化后细菌高质量序列量下降到 50189～68898，平均减少 10.88%（$P<0.05$）；冻结前真菌高质量序列量为 118770～131638，融化后下降到 96223～107496，平均减少 18.24%（$P<0.05$）。

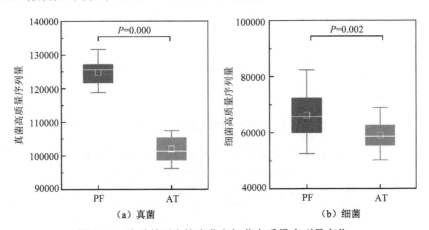

图 4-14　冻融前后土壤真菌和细菌高质量序列量变化

4.3.2　冻融对土壤表层细菌和真菌物种组成的影响

冻融前后土壤细菌和真菌群落具有显著的变异性（图 4-15，表 4-14）。真菌和细菌组间相似性分析 R 值均大于 0，表明群落的组间差异主要由冻融造成。季节性冻融对棉田土壤表层（0～20 cm）土壤真菌群落物种构成的影响见图 4-16。选取门和属水平上相对丰度前 10 位的代表物种进行对比。结果显示，冻结前真菌优势菌门（相对丰度>5%）分别为子囊菌门（60.83%）、担子菌门（16.64%）、被孢菌门（11.91%）；融化后真菌优势菌门为子囊菌门（91.69%），其余菌门相对丰度均小于 5%。相较于冻结前，子囊菌门相对丰度增加 30.86%，担子菌门、被孢菌门和毛霉门分别减少 14.87%、7.95% 和 2.20%。冻结前真菌优势菌属分别为被孢菌属（11.91%）、青霉属（10.19%）、双子担子菌属（8.40%）；融化后真菌优势菌属分别为头束霉属 *Cephalotrichum*（38.57%）和链格孢属 *Alternaria*（28.14%）。与冻结前相比，融化后土壤中的头束霉属和链格孢属的相对丰度分别增加 38.39% 和 28.1%，被孢菌属、青霉属和头束霉属的相对丰度分别降低 7.95%、9.79% 和 8.39%。研究结果表明季节性冻融改变了表层土壤真菌物种组成。

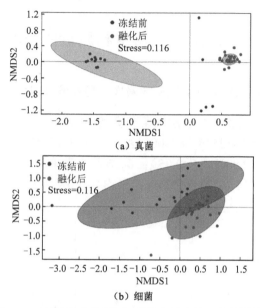

冻结前
融化后
Stress=0.116
NMDS1
NMDS2
(a) 真菌
冻结前
融化后
Stress=0.116
NMDS1
NMDS2

（b）细菌

图 4-15　冻融前后真菌和细菌非度量多维尺度分析结果

表 4-14　冻融前后真菌和真菌组间差异分析统计表
（基于置换检验的多元方差分析和相似性分析）

分组 1	分组 2	样本量	置换检验次数	*P*	*Q*	*R*
真菌						
冻结前	融化后	40	999	0.001	0.001	0.798
细菌						
冻结前	融化后	40	999	0.001	0.001	0.525

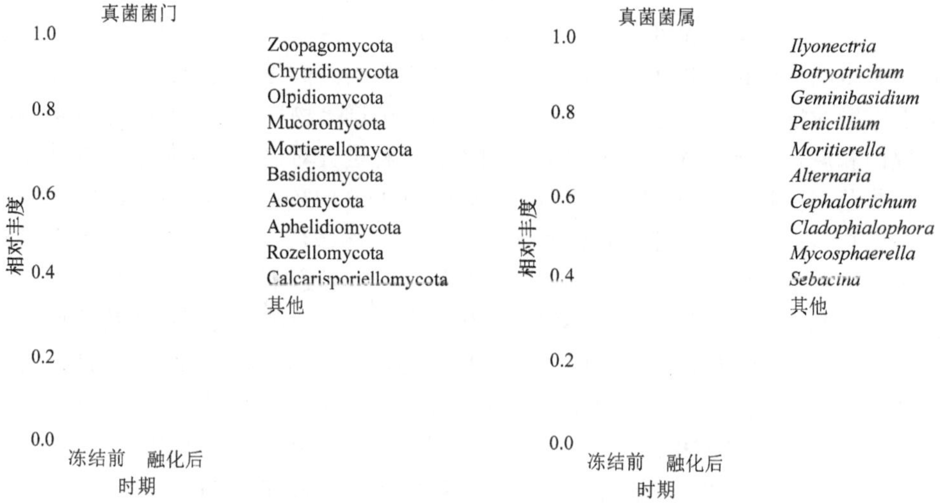

真菌菌门
相对丰度
Zoopagomycota
Chytridiomycota
Olpidiomycota
Mucoromycota
Mortierellomycota
Basidiomycota
Ascomycota
Aphelidiomycota
Rozellomycota
Calcarisporiellomycota
其他
冻结前
融化后
时期
真菌菌属
相对丰度
Ilyonectria
Botryotrichum
Geminibasidium
Penicillium
Moritierella
Alternaria
Cephalotrichum
Cladophialophora
Mycosphaerella
Sebacina
其他
冻结前
融化后
时期

图 4-16　冻融对土壤表层（0～20 cm）土壤真菌物种组成的影响

冻结前，土壤表层（0～20 cm）细菌优势菌门分别为变形菌门（29.96%）、放线菌门（24.64%）、酸杆菌门（14.57%）、绿弯菌门（13.50%）（图 4-17）；融化后细菌优势菌门变为变形菌门（30.32%）、放线菌门（25.77%）、绿弯菌门（12.57%）、酸杆菌门（11.92%）、芽单胞菌门（7.35%）、拟杆菌门（6.37%）。季节性冻融未改变土壤表层细菌优势菌属。季节性冻融前后土壤表层细菌优势菌种的相对丰度变化较小，仅芽单胞菌门和拟杆菌门的相对丰度增加。

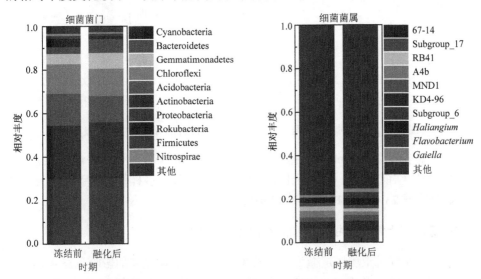

图 4-17　冻融对土壤表层（0～20 cm）细菌物种组成的影响

4.3.3　冻融对土壤细菌和真菌 Alpha 多样性的影响

季节性冻融对土壤表层细菌和真菌 Alpha 多样性指数产生显著影响（图 4-18 和图 4-19）。冻融对细菌的丰富度（richness）指数无显著影响。相较于冻结前，

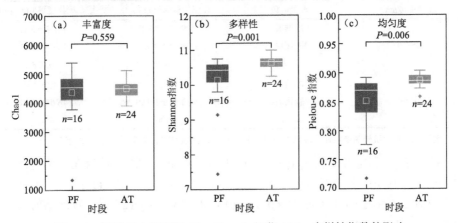

图 4-18　冻融对土壤表层（0～20 cm）细菌 Alpha 多样性指数的影响

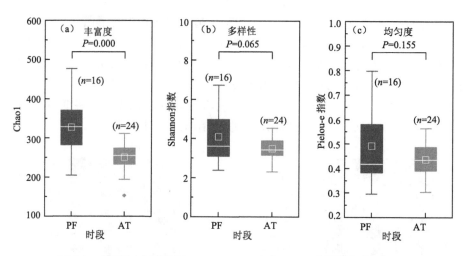

图 4-19　冻融对土壤表层（0～20 cm）真菌 Alpha 多样性指数的影响

融化后细菌多样性（diversity）指数、均匀度（evenness）指数显著增加 4.94% 和 4.19%。与冻结前相比，融化后土壤真菌丰度指数、多样性指数和均匀度指数分别显著降低 23.49%、11.31% 和 14.91%。

4.3.4　冻融对土壤微生物量碳和潜在硝化速率的影响

季节性冻融对土壤耕层微生物量碳和土壤潜在消化速率的影响见表 4-15。冻结前，开垦 22 a 棉田 0～20 cm 和 20～40 cm 土层土壤微生物量碳分别为 489.22 mg·kg^{-1} 和 776.11 mg·kg^{-1}。季节性冻融后，0～20 cm 土层和 20～40 cm 土层土壤微生物量碳含量分别为 30.11 mg·kg^{-1} 和 33.52 mg·kg^{-1}，较冻结前显著降低 93.85% 和 95.68%。

表 4-15　冻融对土壤微生物量碳和潜在硝化速率的影响

土壤深度/cm	典型时段	微生物量碳/(mg·kg^{-1})	潜在硝化速率/[μg·(g·h)$^{-1}$]
	冻结前	489.22±37.87	10.73±2.41
0～20	融化后	30.11±0.35	18.60±2.02
	P 值	0.000	0.028
	冻结前	776.11±35.04	7.22±3.70
20～40	融化后	33.52±1.02	16.08±0.91
	P 值	0.000	0.023

注：冻结前土壤样品采集时间为 2020 年 11 月 6 日；融化后土壤样品采集时间为 2021 年 3 月 31 日。

冻结前，开垦 22 a 棉田 0～20 cm 和 20～40 cm 土层土壤潜在硝化速率分别为 10.73 μg·(g·h)$^{-1}$ 和 7.22 μg·(g·h)$^{-1}$，季节性冻融后，0～20 cm 和 20～40 cm 土层土壤潜在硝化速率分别为 18.60 μg·(g·h)$^{-1}$ 和 16.08 μg·(g·h)$^{-1}$，较冻结前显著增加 73.35% 和 122.74%。

4.3.5 冻融对土壤主要酶活性的影响

季节性冻融对土壤耕层主要酶活性的影响见表 4-16。冻结前，耕层（0～40 cm）土壤过氧化氢酶、磷酸酶、纤维素酶和脲酶酶活性分别为 689.05 U·g^{-1}、0.0935 IU·g^{-1}、1920.71 U·g^{-1} 和 6416.92 U·g^{-1}。与冻结前相比，季节性冻融后耕层过氧化氢酶活性和纤维素酶活性显著增加（$P<0.05$），其中 0～20 cm 和 20～40 cm 土层过氧化氢酶活性分别增加 45.84%和 0.66%；纤维素酶活性分别增加 213.27%和 97.66%。季节性冻融后磷酸酶和脲酶活性显著降低（$P<0.05$），其中 0～20 cm 和 20～40 cm 土层磷酸酶活性显著降低 34.10%和 53.75%；脲酶活性显著降低 19.10%和 52.91%。

表 4-16 冻融对土壤酶活性的影响

土壤 深度/cm	典型时段	土壤酶活性			
		过氧化氢酶/(U·g^{-1})	磷酸酶/(IU·g^{-1})	纤维素酶/(U·g^{-1})	脲酶/(U·g^{-1})
0～20	冻结前	620.45±9.10	0.0871±0.0020	1630.46±126.30	5566.11±152.30
	融化后	904.87±76.33	0.0574±0.0023	5107.82±314.89	4502.88±241.53
	P 值	0.003	0.000	0.000	0.003
20～40	冻结前	757.64±13.91	0.0999±0.0027	2210.96±75.72	7267.72±185.35
	融化后	762.66±76.97	0.0462±0.0028	4370.23±427.98	3422.63±424.11
	P 值	0.917	0.000	0.000	0.000

4.4 冻融前后棉田土壤质量综合评价

4.4.1 基于指标全集的土壤质量评价

本研究中样本容量小于评价参数数量，无法执行 KMO 和 Bartlett 检验。对本章节所列物理、化学和生物土壤质量等 30 个评价参数进行相关性分析，结果表明有 167 对评价参数相关性达到显著或极显著水平（表 4-17），表明变量之间存在相关性，可以进行因子分析。

表 4-17 土壤质量评价参数间的相关性矩阵

参数	X_1	X_2	X_3	X_4	X_5	X_6	X_7	X_8	X_9	X_{10}	...
X_1	1	1.000**	0.78	0.457	0.148	0.358	0.159	0.376	-0.357	-0.33	
X_2		1	0.78	0.457	0.148	0.358	0.159	0.376	-0.357	-0.33	
X_3			1	-0.052	-0.368	-0.157	-0.197	-0.113	0.13	0.243	
X_4				1	0.896*	0.990**	0.79	0.947**	-0.976**	-0.867*	
X_5					1	0.948**	0.792	0.786	-0.930**	-0.952**	
X_6						1	0.81	0.920**	-0.984**	-0.905*	

续表

参数	X_1	X_2	X_3	X_4	X_5	X_6	X_7	X_8	X_9	X_{10}	⋯
X_7							1	0.816*	−0.897*	−0.762	
X_8								1	−0.930**	−0.744	
X_9									1	0.898*	
X_{10}										1	
⋮											

　　对各评价参数通过隶属函数线性变换后进行主成分分析，确定各参数的权重。因子荷载结果表明，前 4 个主成分的特征值大于 1，累积方差贡献率达 97.249%，这 4 个主成分可以解释大部分土壤质量评价参数的变异性（表 4-18 和表 4-19）。

表 4-18　土壤质量评价参数主成分分析

主成分	特征值	方差贡献率/%	累积方差贡献率/%
1	11.270	37.567	37.567
2	10.366	34.555	72.122
3	4.704	15.682	87.804
4	2.834	9.445	97.249

表 4-19　土壤质量评价参数的主成分分析

评价参数	旋转后因子荷载				公因子方差	权重
	1	2	3	4		
细菌 OTUs	0.931	0.270	−0.029	0.023	0.942	0.032
真菌 Simpson 指数	0.890	0.318	0.142	0.216	0.960	0.033
细菌 Chao1 指数	0.876	0.473	−0.063	−0.063	1.000	0.034
有效磷	−0.835	−0.463	0.020	−0.276	0.989	0.034
细菌高质量序列量	0.823	0.449	0.121	−0.090	0.902	0.031
真菌 Chao1 指数	0.803	0.480	0.291	−0.110	0.972	0.033
真菌 OTUs	0.802	0.474	0.301	−0.117	0.971	0.033
真菌 Pielou-e 指数	0.800	0.479	−0.166	0.232	0.950	0.033
pH 值	−0.787	−0.474	0.223	0.124	0.910	0.031
细菌 Goods-coverage 指数	−0.759	−0.400	−0.126	0.422	0.931	0.032
盐分	0.721	0.670	−0.163	−0.068	1.000	0.034
土壤呼吸速率	0.376	0.918	−0.102	0.074	1.000	0.034
过氧化氢酶	−0.392	−0.876	−0.211	0.065	0.970	0.033
总氮	−0.512	−0.846	−0.086	0.113	0.998	0.034
真菌高质量序列量	0.489	0.839	−0.208	−0.116	1.000	0.034
纤维素酶	−0.529	−0.820	0.139	0.168	0.999	0.034

续表

评价参数	旋转后因子荷载				公因子方差	权重
	1	2	3	4		
脲酶	0.525	0.778	−0.229	−0.234	0.988	0.034
磷酸酶	0.628	0.756	−0.102	−0.144	0.997	0.034
液相比例	−0.581	−0.743	0.204	0.255	0.997	0.034
微生物量碳	0.643	0.728	−0.154	−0.167	0.994	0.034
总碳	−0.639	−0.725	0.149	0.204	0.998	0.034
真菌 Goods-coverage 指数	−0.447	−0.715	−0.043	0.354	0.838	0.029
水稳性大团聚体含量	−0.657	−0.665	0.264	0.220	0.991	0.034
容重	−0.054	−0.233	0.970	0.048	1.000	0.034
孔隙度	−0.054	−0.233	0.970	0.048	1.000	0.034
固相比例	−0.054	−0.233	0.970	0.048	1.000	0.034
机械稳性大团聚体含量	0.092	0.320	0.882	0.088	0.896	0.031
气相比例	0.520	0.523	0.641	−0.207	0.997	0.034
细菌 Pielou-e 指数	0.034	−0.136	0.051	0.983	0.988	0.034
细菌 Simpson 指数	0.006	−0.198	0.101	0.974	0.998	0.034

基于各土壤质量评价参数的隶属度值和权重,计算指标全集的土壤质量指数 SQI_{TDS},融化后 SQI_{TDS} 较冻结前降低 7.91%,表明季节性冻融降低长期膜下滴灌棉田土壤质量(表 4-20)。冻结前 SQI_{TDS} 变异系数为 2.621%,属于弱变异;融化后 SQI_{TDS} 变异系数为 26.763%,属于中等变异。

表 4-20 季节性冻融对滴灌棉田 SQI_{TDS} 的影响

典型时段	平均值	标准差	变异系数/%
冻结前	0.531	0.014	2.621
融化后	0.489	0.131	26.763

4.4.2 基于最小数据集的土壤质量评价

通过主成分分析和相关性分析建立最小数据集,方法同 3.4 节,最终选择土壤容重、细菌 Pielou-e 指数和细菌 OTUs 进入最小 MDS。各评价参数间无明显相关性(表 4-21)。根据 MDS 评价参数的公因子方差计算权重(表 4-22),计算得到 SQI_{MDS} 结果显示季节性冻融使 SQI_{MDS} 降低 8.60%,表明季节性冻融一定程度上使土壤质量趋劣(表 4-23)。

表 4-21 MDS 土壤质量评价参数间的相关性矩阵

参数	容重	细菌 Pielou-e 指数	细菌 OTUs
容重	1	0.126	−0.140
细菌 Pielou-e 指数		1	0.042
细菌 OTUs			1

表 4-22　MDS 土壤质量评价参数的公因子方差和权重

参数	公因子方差	权重
容重	0.649	0.293
细菌 Pielou-e 指数	0.797	0.360
细菌 OTUs	0.766	0.346

表 4-23　季节性冻融对滴灌棉田 SQI$_{MDS}$ 的影响

典型时段	平均值	标准差	变异系数/%
冻结前	0.558	0.129	23.108
融化后	0.510	0.326	63.981

4.5　季节性冻融影响长期滴灌棉田土壤质量的讨论分析

4.5.1　冻融对滴灌棉田土壤物理结构的影响

本研究发现，季节性冻融降低了土壤容重和总孔隙度。这主要是由于在冻结过程中，土壤水由液态冻结成冰，在土壤水相变过程中冰晶的发育挤压土壤颗粒，破坏土壤结构，使融化后的土壤孔隙度增加，而容重降低（Sun et al.，2021a）。冻融作用的本质是由土壤水发生相变引起的土壤特性改变（高敏等，2016）。已有研究表明，水发生相变成为冰后，其体积扩大了 9%（Zhao et al.，2004），冰晶在发育过程中由于体积膨胀挤压土壤颗粒，从而破坏了土壤颗粒间的联系，对土壤物理结构的冻胀破坏造成土壤孔隙度增加（Zhang et al.，2021；Gao et al.，2016；邓西民等，1999），这一结果与本研究一致。此外，季节性冻融对土壤物理结构的冻胀破坏作用受到土壤未冻水含量、土壤质地、土壤颗粒、冻土温度、冻融交替次数等条件的影响（Sun et al.，2021a；Zhou and Tang，2018；Starkloff et al.，2017；Sahin et al.，2008）。

本研究发现，对于机械稳定性团聚体，季节性冻融后，自然荒地土壤>0.25 mm 团聚体含量降低，<0.25 mm 团聚体含量增加；膜下滴灌棉田>2 mm 团聚体含量降低，1～2 mm 团聚体含量增加。季节性冻融通过减少团聚体含量降低团聚体机械稳定性。这是由于在冻融的作用下，土壤水分相变产生的冰体体积增大挤压大团聚体而使其破碎，进而降低其平均重量直径和几何平均直径（付强等，2021）。已有研究表明，冻融循环作用会明显破坏>0.25 mm 团聚体的稳定性，且随着冻融循环次数的增加和土壤含水量的增加，破坏作用越明显（姚珂涵等，2020；Edwards，2010；Sahin and Anapali，2007；Van Bochove et al.，2000），这些研究结果与本研究结果相似。本研究发现，对于水稳性团聚体，季节性冻融降低了未垦荒地大团聚体（>0.25 mm）比例，尤其降低了 0.25～2 mm 团聚体比例，破坏团聚体稳定性；与未垦荒地相反，季节性冻融增加了膜下滴灌棉田中大团聚体（>0.25 mm）比例，降低了微团聚体（<0.25 mm）比例，进而增加了团聚体稳定性。这可能是由于荒地土壤和膜下滴灌棉田团聚体胶结物质特性不同所致。荒地土壤有机质含量低，黏粒间的内聚力或如氧化铁铝等其他无机胶结物为主导胶结物质，膜下滴灌棉田土壤有机质含量高，有机质为主导胶结物质。土壤解冻后，雪水入渗/径流使荒地土壤胶结物质淋溶或迁移，因此融化后荒地土壤水稳性降低。有研究表明，冻结过程使土壤大团聚体破碎，被团聚体包裹的有机质暴露，促进土壤微生物对有机质的利用（孙宝洋等，2019；Feng et al.，2007；宋阳等，2016；谭波等，2011）。冻结作用破坏有机质与土壤颗粒连接位点，低温使部分微生物死亡，释放出糖类和氨基酸等可利用碳源（Grogan et al.，2004），均会增加有机质的释放。比表面积更大、对有机质有更强吸附力的细颗粒增加，促进有机质组分重新结合成大团聚体（Mohanty 等，2014；Dang et al.，2002）。因此，季节性冻融促进有机质的释放和再分配，一定程度上有利于大团聚体的形成和稳定。季节性冻融对自然荒地和膜下滴灌棉田土壤水稳性团聚体的影响的不同可以归因为冻融作用对土壤的不稳定效应（徐俏等，2017；王恩姮等，2010；史奕等，2002）。

4.5.2　冻融对滴灌棉田土壤肥力的影响

与冻结前土壤相较，季节性冻融提高了 0～40 cm 土层中有效磷、总碳含量。冻融作用可通过使微生物死亡裂解、植物根系细胞损伤释放其中的有机磷，同时这些大分子有机质在冻融作用下可继续被转化为小分子的可溶性有机物，增加土壤溶液中可溶性有机磷含量（Timmons，1970；Oztas and Fayetorbay，2003）。冻融作用还可以通过冰晶的膨胀使土壤团聚体破碎，不仅直接导致闭蓄态磷和矿物态磷的释放，也会因为一些金属离子的释放与磷酸盐的相互作用，使土壤对磷的吸附能力减弱（李垒和孟庆义，2013），活化土壤团聚体固定的磷形态（李迎新等，2021），促进土壤有效磷的释放（曹湘英，2018），使有效磷含量增加。总碳含量增加是由于冻融循环促进了棉秆分解，提高了土壤碳汇功能。与冻结前相较，耕层土壤总氮含量降低，原因可能是冻融交替促进土壤氮素的矿化，减少硝态氮的含量（魏丽红，2004），同时氮素淋溶也是耕层土壤总氮减少的重要原因。

季节性冻融提高了 0～20 cm 土层总氮含量，降低了 20～40 cm 土层总氮含量。这是由于一方面冻结过程中极低的温度杀死了一部分微生物，造成其细胞破裂释放出一部分铵态氮；另一方面冻融改变了土壤物理性状，引起晶格开放，释放出固定的铵态氮及之前不可利用的土壤胶体中的铵态氮（Deluca et al.，1992；李源，2015；谢青琰等，2015；Teepe et al.，2001）。此外，在土壤冻结时，冻土层的存在及土壤颗粒表面冻结后形成的冰膜，均会使土壤颗粒形成封闭的缺氧环境，抑制硝化作用，有利于铵态氮的累积（李源，2015；谢青琰等，2015；

Teepe et al., 2001）。由于不同下垫面微生物种群有一定区别，土壤中有机质含量、地表积雪量差异均较大，积雪融化，各下垫面的微生物量、土壤含水量等影响土壤铵态氮含量的因素之间差异迅速增大，从而使融化期各下垫面之间铵态氮浓度差异增加（赵强等，2019），并且耕作和人为扰动有可能改变了土壤总有机碳的空间分布，在未扰动前提下，表层土壤总氮含量较高，20～40 cm 土层总氮含量降低。

4.5.3　冻融对滴灌棉田土壤盐分时空分布的影响

在土壤温度势的驱动下，非灌溉季节盐分在土壤中的运动可分为 3 个阶段：①棉花收获后至稳定冻结期，底层土壤盐分缓慢上移；②融化前期土壤盐分降低；③融化后期至播种前期盐分剧烈上移。在冻结过程中，冻结层温度相对较低，底心土非冻结层温度高于似冻结层，在温度梯度驱动下，水分由非冻结层向似冻结层迁移并随之被冻结，盐分随着毛管水的运动向上迁移，因此冻结层土壤含水量与含盐量升高，相反，似冻结层含水量与含盐量下降（张殿发和郑琦宏，2005）。另外，冻结层土壤水分由液相或气相冻结为固相，冻结锋附近土水势减小，似冻结层水分向上迁移，冻结层土壤含水量与含盐量增加。在融化期雪水入渗的影响下，0～100 cm 土壤贮水量显著增加，洗盐效果显著，研究结果与前人一致（孙开等，2021b；唐文政，2018；李文昊等，2015；Zhang et al., 2001）。融化后期至播种前期，在强烈的蒸发拉力作用下，土壤返盐剧烈，研究结果与前人一致（Korolyuk, 2014；Wu et al., 2019；Zhang et al., 2001）。通过对比冻融前后土壤储盐量发现，膜下滴灌应用大于 13 a 棉田在融化后 100～200 cm 土层储盐量增加，即初始储盐量相对较低的地块返盐量相对较大，而初始储盐量相对较高的地块返盐量相对较小。原因可能是雪水融化将非饱和带土体所含的大量盐分冲洗到地下水，因此高含盐量农田得到充分淋洗（Li et al., 2020a），导致地下水矿化度增加且地下水位抬高，融雪后在田面蒸发拉力下，更深层（200 cm）及地下水中的盐被重新带回非饱和土体。初始储盐量较低的土壤基质吸力较大（Liu et al., 2021），此时从底层向上运动的盐分数量大于融雪期的盐分淋溶量。同时，长期膜下滴灌棉田土壤容重相对较大，砂粒比例较小，有利于水分和盐分的上移，因此储盐量较冻结前增加。阶段 2 中盐分累计量与初始储盐量和容重显著正相关，支持上述解释（表 4-24）。

表 4-24　盐分积累与土壤性质之间的相关关系

项目	阶段	ISC	BD	TP	CC
盐分积累	阶段 1	0.878ns	0.839ns	−0.839ns	0.527ns
	阶段 2	0.922*	0.997**	−0.997**	0.566ns

注：ISC 为初始储盐量；BD 为容重；TP 为孔隙度；CC 为黏粒含量。

**和*分别表示在 $P=0.01$ 和 $P=0.05$ 水平下达到显著水平；ns 表示未达显著水平。

4.5.4　冻融对滴灌棉田土壤微生物特性的影响

冻融过程会对土壤微生物特性产生显著影响（Rosinger et al., 2022）。本研究发现，与冻结前相较，融化后土壤细菌和真菌微生物量碳、高质量序列量、OTUs、Chao1 均显著降低，与 Gao 等（2021）、Sorensen 等（2018）和 Tierney 等（2001）研究结果相似。土壤在冻结过程中过低的温度导致微生物死亡，如 Sawicka 等（2010）研究指出，当土壤温度低于-10℃时，第一次冻融循环后微生物数量减少 50%。孙嘉鸿等（2022）研究指出虽然冻融作用促进土壤微生物的死亡，但与冻融循环次数和冻融幅度有关，在 15 次冻融循环后，土壤微生物量碳含量反而显著增加，总之，季节性冻融影响土壤微生物群落结构和土壤的养分转化过程。本研究发现，融化后土壤脲酶和磷酸酶活性降低，与 Gao 等（2021）结果相似。但其研究指出，冻融循环对土壤纤维素酶活性同样存在负面影响。在本研究中，土壤纤维素酶活性在融化后增加，结果不同的原因是冻结前的秋耕制度，棉秆中富含纤维素，试验区秋耕模式为翻耕+棉秆全量还田，随着气温的回升，雪水融化后土壤有效磷含量、总碳含量、含水量、透气性均增加，为土壤微生物的生长和繁殖提供了充分的营养条件，从而使土壤纤维素酶活性增加。此外，在深翻条件下更多的微团聚体会产生更大的颗粒比表面积，为微生物和棉秆提供了更多的接触点，促进棉秆的分解（Wang et al., 2014）。本研究发现，融化后土壤潜在硝化速率显著提高，与大量研究结果相似（King et al., 2021；Wang et al., 2017；Song et al., 2017）。原因可能是随着融化后气温的回升，土壤温度逐渐升高，微生物活性逐步恢复（Schmidt et al., 2007），导致土壤潜在硝化速率在融化后增加。

4.6　小　　结

（1）季节性冻融使 0～40 cm 和 40～100 cm 土层土壤容重分别降低 5.23%和 4.41%，使 0～40 cm 和 40～100 cm 土层土壤总孔隙度分别增加 6.02%和 5.94%。与冻结前相比，融化后土壤气相和液相比例增加，固相比例降低，同时季节性冻融和开垦年限有显著的交互作用。季节性冻融显著降低棉田>2 mm 和 0.5～1 mm 机械稳定性团聚体比例，显著降低表层（0～20 cm）土壤团聚体机械稳定性，对团聚体稳定性的影响随着土壤深度的增加而减小。相反，季节性冻融提高膜下滴灌棉田水稳性团聚体的稳定性。

（2）相较于冻结前，季节性冻融提高了 0～40 cm 土层中有效磷、总碳含量，降低了总氮含量。在季节性冻融过程中，土壤盐分动态表现出明显的阶段性变化，0～100 cm 土层土壤盐分动态分为冻结期积盐、融化前期脱盐、融化后期积盐 3 个阶段，盐分通量受滴灌年限影响，滴灌年限较短的棉田初始储盐量较高，雪水融化后 0～200 cm 土层表现为脱盐，开垦年限较长的棉田初始储盐量较低，雪水融化后 0～200 cm 土层表现为积盐，其中与冻结前相比，开垦 7～12 a 棉田 0～200 cm 土层储盐量平均降低 7.56 Mg·hm^{-2}，开垦 13～22 a 棉田储盐量增加，平均增量为 10.11 Mg·hm^{-2}。季节性冻融影响土壤水分剖面分布，相较于冻结前，融化后 0～200 cm 土层土壤贮水量增加 9.79～70.88 mm。

（3）与冻结前相比，融化后土壤细菌和真菌的高质量序列量和 OTUs 均降低，改变土壤微生物物种组成，显著降低土壤微生物量碳含量，降低土壤真菌多样性。相较于冻结前，融化后土壤过氧化氢酶、纤维素酶活性增加，磷酸酶、脲酶活性降低。

（4）通过数据全集和最小数据集计算得到土壤质量综合评价指数，结果表明季节性冻融使滴灌棉田 SQI$_{TDS}$ 和 SQI$_{MDS}$ 分别降低 7.91%和 8.60%，说明季节性冻融使长期膜下滴灌棉田土壤质量趋劣。

第 5 章 非灌溉季秋耕方式对长期滴灌棉田土壤质量的影响

棉秆深翻还田模式是新疆绿洲农业区膜下滴灌棉田主要的秋耕方式。深翻耕作的主要功能为松散耕层土壤紧实度，打破犁底层，增加土壤耕作层深度，深埋上层含有病虫害的土壤和植被残渣，改变病原体原有的生存条件，对防治黄萎病、棉铃虫等病虫害起到积极作用，从而改善土壤理化性质，提高作物质量（杜青峰，2020；曾小辉，2016）。研究表明，秸秆还田增加土壤有机质，提高土壤肥力，增加土壤存蓄水能力（Dixit et al., 2019；Afshar et al., 2016）。同时，将作物残茬覆盖在土壤表面，可减少土壤水分的田面蒸发及雨雪风沙天气对土壤的侵蚀（严洁等，2005）。耕作措施通过改善土壤物理、化学和微生物性质，影响作物根系生境（马玉诏等，2021），不当的耕作方式影响土壤养分固存，加剧水土流失，降低土地生产力水平，限制农业的可持续发展（沈吉成等，2022；Deng et al., 2006；Li et al., 2008）。因此，探究新疆绿洲农业区深翻和棉秆还田对土壤理化性质及微生物特性的影响可为膜下滴灌的可持续发展提供科学依据。

本章选择研究区连作年限最长（1998 年开垦并连续应用膜下滴灌技术）及长期采用深翻棉秆还田秋耕模式的棉田为研究对象，以免耕和秸秆不还田为对照，揭示棉秆深翻还田对土壤物理结构、营养属性及微生物特性的影响，为新疆绿洲农业区长期膜下滴灌棉田土地利用与管理及棉花的可持续生产提供理论依据。

5.1 秋耕方式对土壤物理质量的影响

5.1.1 秋耕方式对土壤容重和总孔隙度的影响

秋耕方式对 0~40 cm 土层土壤容重和土壤孔隙度的影响见图 5-1 和图 5-2。0~40 cm 土壤容重表现为 NN>NC>DN>DC，土壤孔隙度则相反，表明深翻和棉秆还田降低土壤容重，增加土壤孔隙度，其中，在免耕方式下，棉秆还田使容重降低 0.63%~3.66%，但差异未达显著水平；在翻耕方式下，棉秆还田使容重降低 2.72%~6.16%，仅在 2019~2020 年表层土壤有显著性。翻耕显著降低土壤容重，棉秆还田处理下，翻耕较免耕土壤容重显著减少 3.16%~13.29%；棉秆未还田处理下，翻耕较免耕土壤容重显著减少 3.77%~10.98%。耕作对土壤容重的影响大于棉秆还田。

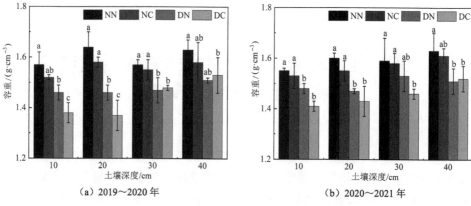

图 5-1　秋耕方式对膜下滴灌棉田土壤容重的影响

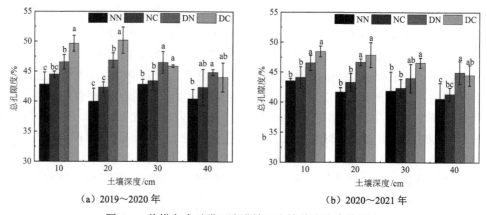

图 5-2　秋耕方式对膜下滴灌棉田土壤总孔隙度的影响

5.1.2　秋耕方式对土壤三相比的影响

秋耕方式对土壤三相比的影响见图 5-3。2020 年棉花播种季节土壤固相的最大值和气相的最小值出现在 NN 处理，分别为 51.99%和 15.23%；DC 处理下土壤固相最小，气相最大，分别为 45.68%和 26.58%。2021 年棉花播种季节土壤固相的最大值和气相的最小值均出现在 NC 处理，分别为 53.04%和 16.67%；而土壤固相最小值和气相最大值仍为 DC 处理，分别为 44.66%和 29.02%。表明棉秆深翻还田可以降低土壤固相比例，增加土壤气相比例。

5.1.3　秋耕方式对土壤机械稳定性团聚体的影响

各粒径机械团聚体在耕层土壤分布及其稳定性见图 5-4 和图 5-5。各处理中，>2 mm 团聚体所占比例最高，为 43.20%~61.14%，而 1~2 mm、0.5~1 mm、0.25~0.5 mm 和<0.25 mm 团聚体所占比例分别为 21.66%~30.28%、8.83%~15.97%、3.24%~8.13%和 2.67%~8.82%。深翻显著降低>2 mm 团聚体比例，其

中，棉秆未还田处理中，翻耕较免耕降低 27.23%，棉秆还田处理中，翻耕较免耕降低 8.73%。在深翻方式下，棉秆还田未对>2 mm 团聚体比例产生显著影响。0.5～1 mm 与 1～2 mm 团聚体比例总体表现为 NN<NC<DN<DC，即深翻和棉秆还田增加土壤 0.5～2 mm 团聚体比例。在免耕模式下，棉秆还田增加土壤<0.5 mm 团聚体比例；在翻耕模式下，棉秆还田未对<0.5 mm 团聚体比例产生显著影响。

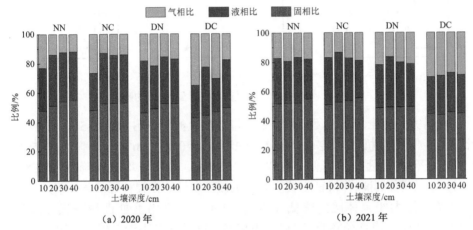

（a）2020 年　　　　　　（b）2021 年

图 5-3　秋耕方式对膜下滴灌棉田土壤三相比的影响

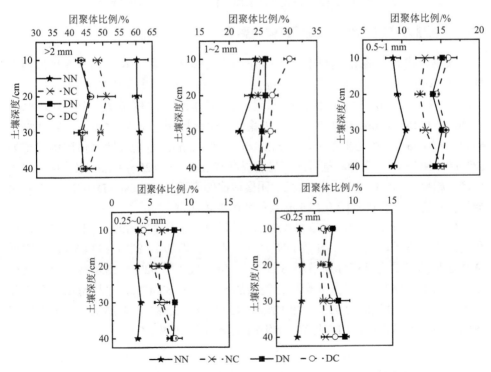

图 5-4　秋耕方式对土壤机械稳定性团聚体（干筛）分布的影响

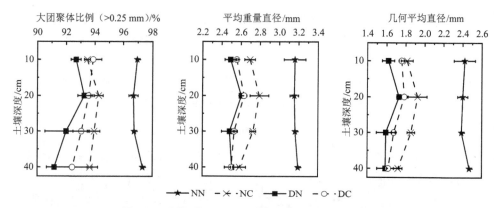

图 5-5　秋耕方式对土壤团聚体机械稳定性的影响

秋耕方式对土壤机械团聚体稳定性指数产生显著影响（图 5-5）。与 NN 相比，DN 使土壤机械稳定性大团聚体比例（>0.25 mm）显著降低 3.56%～6.32%，平均重量直径降低 17.53%～21.54%，几何平均直径降低 27.98%～35.66%，表明深翻耕作降低土壤团聚体机械稳定性。在棉秆还田条件下，相较于 NC，DC 使大团聚体比例降低 0.74%～1.31%，平均重量直径降低 3.25%～7.20%，几何平均直径降低 3.18%～9.81%，降低幅度小于未棉秆还田处理，表明棉秆还田一定程度上弥补翻耕造成的土壤机械稳定性的降低。

5.1.4　秋耕方式对土壤水稳性团聚体的影响

秋耕方式对土壤水稳性团聚体分布产生显著影响（图 5-6）。与土壤机械稳定性团聚体分布不同，各处理中>2 mm 土壤水稳性团聚体所占比例最低，仅为 0.56%～3.90%。0.053～0.25 mm 水稳性团聚体所占比例最大，为 41.04%～73.06%。0.25～2 mm 和<0.053 mm 水稳性团聚体比例分别为 14.40%～41.92% 和 6.44%～24.06%。耕层土壤中，>2 mm 与 0.25～2 mm 水稳性团聚体比例表现为 DC>DN>NC>NN，深翻和棉秆还田显著提高>2 mm 与 0.25～2 mm 水稳性团聚体比例。相反，0.053～0.25 mm 水稳性团聚体比例表现为 NN>NC>DN>DC，表明深翻和棉秆还田降低 0.053～0.25 mm 水稳性团聚体比例。

翻耕和棉秆还田增加土壤水稳性大团聚体比例（>0.25 mm）、平均重量直径和几何平均直径，其中，DN 较 NN 大团聚体比例增加 22.82%～83.85%，平均重量直径和几何平均直径分别增加 35.65%～44.44% 和 7.02%～28.81%；而在棉秆还田处理下，DC 较 NC 大团聚体比例增加 59.23%～83.47%，平均重量直径和几何平均直径分别增加 50.93%～78.12% 和 45.97%～73.38%，增加幅度大于未棉秆还田处理，表明棉秆还田可提高土壤团聚体水稳性（图 5-7）。

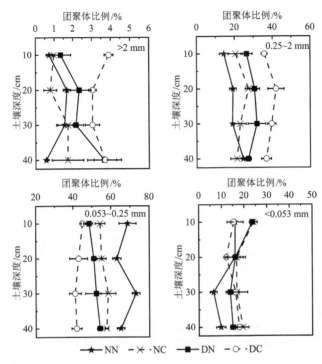

图 5-6　秋耕方式对土壤水稳性团聚体（湿筛）分布的影响

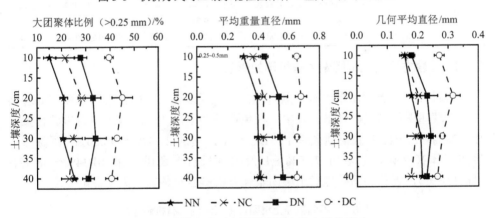

图 5-7　秋耕方式对土壤团聚体水稳定性的影响

5.1.5　秋耕方式对土壤团聚体含盐量的影响

秋耕方式对土壤团聚体含盐量的影响见表 5-1。土壤团聚体含盐量随着粒径的减小呈增大态势。在相同粒径条件下，棉秆还田和翻耕处理降低土壤团聚体含盐量。其中，棉秆不还田条件下，DN 较 NN 使土壤团聚体含盐量降低 18.37%～38.91%；棉秆还田条件下，DC 较 NC 使土壤团聚体含盐量降低 16.39%～43.24%。

另外，免耕条件下棉秆还田较棉秆未还田使土壤团聚体含盐量降低 3.90%～58.10%，降低幅度随着土壤深度的增加而增加；翻耕条件下棉秆还田使土壤团聚体含盐量降低 10.64%～36.25%，土壤亚表层团聚体含盐量降低幅度大于表层。

表 5-1　不同粒径团聚体（干筛）含盐量

土壤深度/cm	耕作方式	团聚体比例/%					平均值
		>2 mm	1～2 mm	0.5～1 mm	0.25～0.5 mm	<0.25 mm	
10	NN	0.58±0.12a	0.56±0.11a	0.61±0.06a	0.89±0.12a	1.19±0.15a	0.77
	NC	0.49±0.05ab	0.51±0.02ab	0.60±0.05a	0.77±0.08a	1.32±0.10a	0.74
	DN	0.39±0.05b	0.43±0.02b	0.42±0.03b	0.46±0.03b	0.64±0.02b	0.47
	DC	0.39±0.01b	0.43±0.02b	0.30±0.01c	0.49±0.02b	0.47±0.04b	0.42
20	NN	0.60±0.07a	0.68±0.02a	0.72±0.01a	0.93±0.06a	1.58±0.08a	0.9
	NC	0.66±00.11a	0.61±00.08a	0.75±00.10a	0.77±0.03b	1.22±0.18b	0.8
	DN	0.64±0.09a	0.65±0.07a	0.61±0.04b	0.67±0.07c	0.81±0.02c	0.67
	DC	0.44±0.01b	0.48±0.04b	0.57±0.02b	0.66±0.01c	0.59±0.07d	0.55
30	NN	0.82±0.03a	0.79±0.09a	0.83±0.04a	1.06±0.15a	1.40±0.19a	0.98
	NC	0.50±0.04c	0.51±0.06b	0.53±0.01b	0.59±0.09c	0.95±0.03b	0.61
	DN	0.68±0.01b	0.73±0.08a	0.86±0.14a	0.81±0.14b	0.92±0.07b	0.8
	DC	0.43±0.05c	0.41±0.02b	0.43±0.01b	0.47±0.01c	0.82±0.02b	0.51
40	NN	0.87±0.06a	0.84±0.10a	0.81±0.07a	0.99±0.13a	1.72±0.01a	1.05
	NC	0.39±0.01c	0.42±0.02c	0.44±0.04c	0.41±0.06c	0.51±0.04c	0.44
	DN	0.63±0.11b	0.61±0.02b	0.65±0.03b	0.72±0.05b	0.92±0.06b	0.71
	DC	0.45±0.01c	0.42±0.02c	0.47±0.02c	0.50±0.02c	0.86±0.08b	0.54

5.1.6　秋耕方式对土壤团聚体有机碳的影响

秋耕方式对土壤团聚体有机碳含量的影响见表 5-2。棉秆还田和深翻处理增加了土壤团聚体有机碳含量。其中，在免耕条件下，NC 较 NN 使有机碳含量增加 4.21%～27.92%；在翻耕条件下，DC 较 DN 增加 23.42%～33.20%。深翻较免耕团聚体有机碳含量增加 7.39%～18.93%（棉秆未还田）和 14.34%～38.97%（棉秆还田），棉秆还田处理对土壤团聚体有机碳含量的影响大于深翻处理。

表 5-2　不同粒径土壤团聚体（湿筛）有机碳含量

土壤深度/cm	耕作方式	团聚体比例/%				平均值
		>2 mm	0.25～2 mm	0.053～0.25 mm	<0.053 mm	
10	NN	15.97±0.56b	10.01±0.56b	6.07±0.25b	4.57±0.25a	9.16
	NC	17.80±1.99b	14.27±0.55a	6.44±0.77b	4.46±0.25a	10.74
	DN	21.99±2.08a	9.01±0.46b	5.19±0.10b	3.61±0.01b	9.95
	DC	23.82±2.88a	13.69±1.84a	8.38±1.57a	3.22±0.80b	12.28

土壤深度/cm	耕作方式	团聚体比例/%				平均值
		>2 mm	0.25~2 mm	0.053~0.25 mm	<0.053 mm	
20	NN	13.19±1.62b	7.65±0.58b	5.12±0.68b	3.86±0.12ab	7.45
	NC	14.94±2.46b	13.94±1.98a	4.83±0.92b	4.41±0.12a	9.53
	DN	19.25±1.82a	7.61±0.89b	5.46±0.77b	3.13±0.48b	8.86
	DC	22.12±0.98a	12.11±0.81a	7.37±1.04a	3.18±0.74b	11.2
30	NN	11.55±0.71d	6.56±0.34b	5.78±0.46ab	3.69±0.06a	6.9
	NC	13.42±0.25c	7.48±2.21b	4.58±0.89b	3.25±0.21a	7.19
	DN	15.17±0.88b	6.68±0.04b	4.65±0.46b	3.13±0.48a	7.41
	DC	18.47±1.02a	11.76±0.87a	6.16±0.64a	3.08±0.83a	9.87
40	NN	10.49±1.80b	7.10±0.12b	5.41±0.18ab	2.62±0.19a	6.41
	NC	11.09±0.89ab	6.25±0.21c	3.31±0.27c	2.54±0.31a	5.8
	DN	10.50±1.11b	6.60±0.23bc	4.69±0.19b	3.03±0.46a	6.21
	DC	13.75±1.96a	9.49±0.75a	5.93±0.90a	3.07±0.58a	8.06

5.1.7　秋耕方式对土壤水分分布和贮水量的影响

秋耕方式对膜下滴灌棉田融化后水分在土壤中的分布无显著影响（图 5-8），对土壤贮水量有显著影响（图 5-9）。深翻处理有利于雪水入渗，使土壤贮水量显著增加。与免耕处理相较，深翻处理在棉秆还田和未还田条件下使土壤贮水量分别增加 69.44 mm 和 83.64 mm。棉秆还田使土壤贮水量增加，但在相同耕作方式下差异未达显著水平。与棉秆未还田处理相比，棉秆还田处理在免耕和深翻条件下使土壤贮水量提高 20.78 mm 和 34.48 mm。在不同秋耕方式下，贮水量最高处理为 NC 处理，最低处理为 DN 处理。

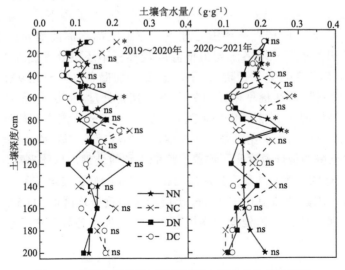

图 5-8　秋耕方式对膜下滴灌棉田土壤水分分布的影响

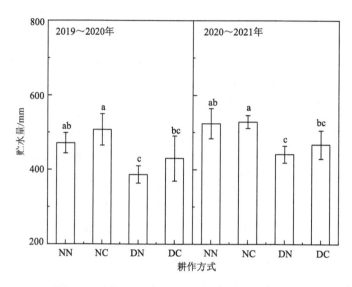

图 5-9 秋耕方式对膜下滴灌棉田贮水量的影响

5.1.8 秋耕方式对土壤温度的影响

秋耕方式对膜下滴灌棉田非灌溉季节土壤温度的影响见图 5-10。土壤温度在冻结期随着土壤深度的增加呈增加态势，在融化期则随着土壤深度的增加呈先降低后增加态势。表层土壤（20 cm）温度变化幅度剧烈，随着土壤深度的增加，土壤温度的变化渐趋平缓。其中，20 cm 土壤最大温差为 15.10～18.82℃（表 5-3），最大温差随着土层深度的增加逐渐减小，100 cm 土壤最大温差为3.23～5.01℃。棉秆还田和免耕均具有一定保温效果。其中，棉秆还田降低表层（20～40 cm）最大温差。棉秆还田（NC 和 DC）处理下，土壤最大冻结深度均小于 100 cm，而秸秆未还田处理下土壤最大冻结深度均超过 100 cm。此外，棉秆还田处理下土壤各土层最低温度较棉秆不还田处理提高 1.31～2.74℃（免耕）和 0.51～3.45℃（翻耕），平均温度分别提高 0.95～1.59℃（免耕）和0.65～1℃（翻耕）。在棉秆未还田处理下，翻耕处理在 20 cm 和 40 cm 处土壤最低温较免耕处理低 1.42℃和 0.84℃，而 60～100 cm 土层中翻耕处理下土壤最低温度和平均温度均大于免耕处理。在棉秆还田处理下，除 20 cm 处最低温度，其余各土层土壤的最低温度和平均温度均低于免耕处理。总体来看，NN、NC、DN 和 DC 处理的土壤平均温度分别为-2.67℃、-1.44℃、-2.49℃和-1.72℃，相较于免耕处理，深翻处理使 0～100 cm 土层土壤温度平均降低 0.05℃；相较于秸秆未还田处理，秸秆还田处理平均提高 1℃。此外，各处理中各土层的解冻时间之间无显著差异。

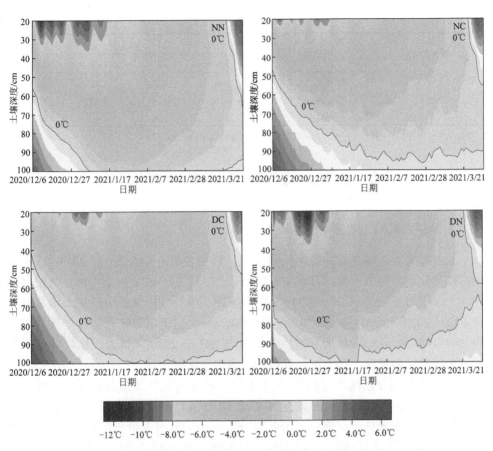

图 5-10　秋耕方式对膜下滴灌棉田土壤温度的影响

表 5-3　各处理不同深度土壤温度特征值

土壤深度/cm	特征值	处理			
		NN	NC	DN	DC
20	$\Delta T_{\max}$	17.16	16.69	18.82	15.10
	Min	-11.5	-9.75	-12.92	-9.47
	Mean	-5.31	-4.36	-5.42	-4.7
40	$\Delta T_{\max}$	10.43	6.17	9.62	6.44
	Min	-7.61	-4.87	-8.45	-5.46
	Mean	-4.22	-2.63	-3.88	-2.88
60	$\Delta T_{\max}$	5.267	3.88	4.27	4.95
	Min	-4.7	-2.25	-4.54	-3.22
	Mean	-2.54	-1.17	-2.38	-1.58
80	$\Delta T_{\max}$	5.392	4.14	2.67	4.67
	Min	-3.03	-0.9	-2.1	-1.33
	Mean	-1.35	-0.09	-1.02	-0.34

续表

土壤深度/cm	特征值	处理			
		NN	NC	DN	DC
	$\Delta T_{\max}$	5.01	4.45	3.23	4.85
100	Min	-1.16	0.15	-0.61	-0.1
	Mean	0.05	1.05	0.23	0.88

注：$\Delta T_{\max}$ 为最大温度差，℃；Min 为最低温度，℃；Mean 为平均温度，℃。

5.2　秋耕方式对土壤化学质量的影响

5.2.1　秋耕方式对土壤总氮的影响

　　秋耕方式对土壤总氮的影响见图 5-11。研究表明 0～20 cm 与 20～40 cm 土层总氮变化趋势基本一致，其中 0～20 cm 土层与 20～40 cm 土层总氮含量分别为 0.13～1.21 g·kg^{-1}、0.27～1.04 g·kg^{-1}。深翻和棉秆还田使棉田耕层土壤总氮含量降低，2019～2020 年 0～20 cm 与 0～40 cm 土层土壤总氮含量各处理均表现为 NN>DN>NC>DC，2020～2021 年表现与 2019～2020 年相似。比较各处理平均值之间的差异发现，在不进行棉秆还田条件下深翻处理 0～20 cm 与 20～40 cm 土层较免耕处理分别减小 24.50%、28.08%；在进行棉秆还田条件下深翻处理使 0～20 cm 与 20～40 cm 土层较免耕处理的土壤总氮含量分别减少 60.83%、44.39%。在免耕条件下，棉秆还田处理 0～20 cm 与 20～40 cm 土层较未还田处理的土壤总氮含量分别提升 45.74%、41.80%；在深翻条件下，棉秆还田处理 0～20 cm 与 20～40 cm 土层较未还田处理的土壤总氮含量分别提升 67.51%、52.42%。

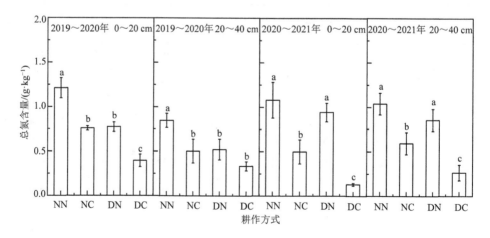

图 5-11　秋耕方式对膜下滴灌棉田土壤总氮的影响

5.2.2 秋耕方式对土壤总碳的影响

秋耕方式土壤总碳的影响见图 5-12。研究表明 0～20 cm 与 20～40 cm 土层总碳变化趋势基本一致，其中 0～20 cm 土层与 20～40 cm 土层总碳含量分别为 8.69～15.93 g·kg⁻¹、12.14～16.87 g·kg⁻¹。深翻和秸秆还田提高棉田耕层（0～40 cm）总碳含量。2019～2020 年 0～20 cm 与 0～40 cm 土层土壤总碳含量在各处理间均表现为 DC>DN>NC>NN，2020～2021 年表现与 2019～2020 年相似。比较各处理平均值之间的差异，在不进行棉秆还田条件下深翻处理 0～20 cm 与 20～40 cm 土层较免耕处理的土壤总碳含量分别提升 56.12%、17.90%；在进行棉秆还田条件下深翻处理 0～20 cm 与 20～40 cm 土层较免耕处理的土壤总碳含量分别提升 27.38%、13.44%；免耕条件下，棉秆还田处理 0～20 cm 与 20～40 cm 土层较未还田处理的土壤总碳含量分别提升 41.11%、19.84%；深翻条件下，棉秆还田处理 0～20 cm 与 20～40 cm 土层较未还田处理的土壤总碳含量分别提升 14.80%、15.18%。

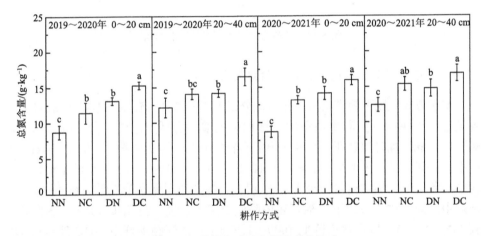

图 5-12 秋耕方式对土壤总碳的影响

5.2.3 秋耕方式对土壤有效磷的影响

秋耕方式对土壤总碳的影响见图 5-13。研究表明，0～20 cm 与 20～40 cm 土层之间变化趋势基本一致，深翻显著降低棉田耕层（0～40 cm）土壤有效磷含量，秸秆还田有助于提高棉田耕层（0～40 cm）有效磷含量。2019～2020 年 0～20 cm 与 20～40 cm 土层土壤有效磷含量在各处理间均表现为 NC>NN>DC>DN，其中 0～20 cm 与 0～40 cm 土层有效磷含量分别为 5.24～14.00 mg·kg⁻¹、5.56～12.89 mg·kg⁻¹，2020～2021 年表现与 2019～2020 年相似，0～20 cm 与 20～40 cm 土层有效磷含量分别为 6.89～14.29 mg·kg⁻¹、6.31～14.14 mg·g⁻¹。比较免耕与深翻两年有效磷平均值之间的差异，在不进行秸秆还田条件下免耕棉田 0～20 cm 与 20～40 cm 土层较深翻棉田的土壤有效磷含量分别提升 73.96%、101.69%；在进行秸秆还田条件下免耕棉田 0～20 cm 与 20～40 cm 土层较深翻棉田的土壤有效磷含量分别提升 71.41%、37.67%。

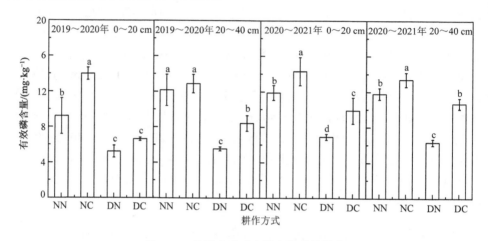

图 5-13　秋耕方式对土壤有效磷的影响

5.2.4　秋耕方式对土壤盐分分布和储盐量的影响

秋耕方式对膜下滴灌棉田融化后盐分在土壤中的分布有显著影响（图 5-14）。各处理间土壤盐分随着土壤深度的增加呈先增加后减少态势，盐分峰值出现在 80～140 cm。棉秆深翻还田减轻了膜下滴灌棉田土壤盐分的表聚。在 0～80 cm 土层中，盐分含量总体上呈 NN>NC>DN>DC。其中，0～30 cm 土层的土壤含盐量较少，各处理土壤含盐量均小于 1 g·kg⁻¹，且各处理间无显著差异。在 40～80 cm 土层中，同一耕作方式下，棉秆还田降低土壤含盐量。在免耕处理下，NC 处理较 NN 处理的土壤含盐量降低 0.09～1.59 g·kg⁻¹；深翻处理下，DC 处理较 DN 处理低 0.06～1.03 g·kg⁻¹。在棉秆还田处理中，DC 处理较 NC 处理土壤含盐量减少 0.12～1.44 g·kg⁻¹；在秸秆未还田处理中，DC 处理较 NC 处理减少 0.10～2.00 g·kg⁻¹。不同秋耕方式对 80 cm 以下土壤含盐量无显著影响。

秋耕方式对膜下滴灌棉田土壤储盐量有显著影响，棉秆深翻还田降低了融化后土壤的储盐量（图 5-15）。同一耕作方式下，相较于棉秆未还田处理，棉秆还田处理使 0～80 cm 和 0～200 cm 储盐量分别降低 3.55 Mg·hm⁻² 和 6.25 Mg·hm⁻²（免耕）、1.33 Mg·hm⁻² 和 5.60 Mg·hm⁻²（深翻）；相较于免耕处理，深翻处理使 0～80 cm 土层储盐量分别降低 5.62 Mg·hm⁻²（棉秆未还田）和 0.99 Mg·hm⁻²（棉秆还田），但对 80 cm 以下土层储盐量无显著影响。

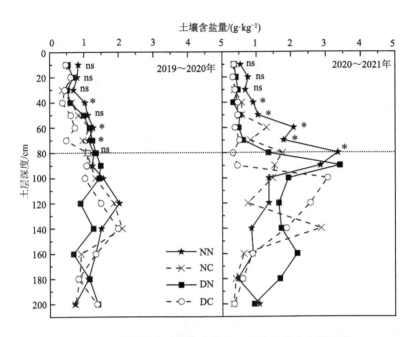

图 5-14　秋耕方式对膜下滴灌棉田土壤盐分分布的影响

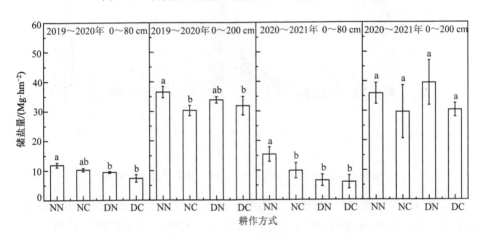

图 5-15　秋耕方式对膜下滴灌棉田土壤储盐量的影响

5.3　秋耕方式对土壤生物质量的影响

5.3.1　秋耕方式对土壤呼吸速率和累积 CO₂ 排放量的影响

秋耕方式对土壤呼吸速率的影响见图 5-16。未冻期和融化期的土壤呼吸速率相对较高，冻结期的土壤呼吸速率相对降低，仅为 $0.02 \sim 0.08\ \mathrm{mol \cdot m^{-2} \cdot d^{-1}}$。

2019～2020 年土壤呼吸速率各处理表现为 DC>DN>NC>NN，2020～2021 年表现与 2019～2020 年相似。深翻和棉秆还田均提高了土壤呼吸速率。比较各处理平均值之间的差异，在不进行棉秆还田条件下，深翻处理的土壤呼吸速率较免耕处理增加 75.63%，在进行棉秆还田条件下，深翻处理土壤呼吸速率较免耕处理增加 55.01%。在免耕条件下，棉秆还田处理的土壤呼吸速率较未还田处理提升 32.61%；在深翻条件下，棉秆还田处理的土壤呼吸速率较未还田处理提升 17.08%。

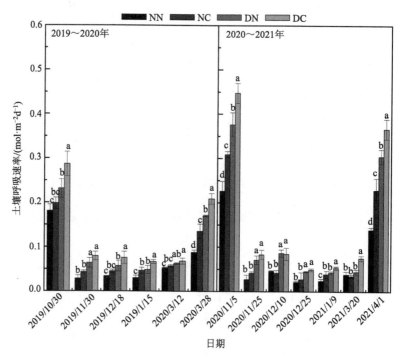

图 5-16　秋耕方式对膜下滴灌棉田土壤呼吸速率的影响

　　秋耕方式对土壤 CO_2 总排放量的影响见图 5-17。非灌溉季节棉田 CO_2 总排放量为 349.92～746.06 $g·m^{-2}$。2019～2020 年 CO_2 总排放量各处理表现为 DC>DN>NC>NN，2020～2021 年表现与 2019～2020 年相似。深翻和棉秆还田均提高了棉田的 CO_2 总排放量。比较各处理平均值之间的差异，在不进行棉秆还田条件下，深翻处理的 CO_2 总排放量较免耕处理增加 61.63%；在进行棉秆还田条件下，深翻处理的 CO_2 总排放量较免耕处理增加 54.07%。在免耕条件下，棉秆还田处理的 CO_2 总排放量较未还田处理提升 29.45%；深翻条件下，棉秆还田处理的 CO_2 总排放量较未还田处理提升 23.60%。

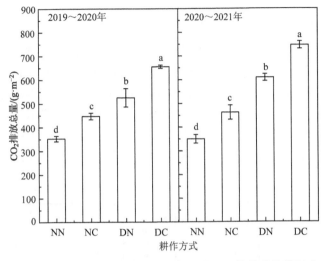

图 5-17　秋耕方式对膜下滴灌棉田土壤 CO_2 排放总量的影响

5.3.2　秋耕方式对土壤微生物量碳的影响

秋耕方式对土壤微生物量碳含量有显著影响（图 5-18）。NN 处理与 NC 处理无显著差异，表明在免耕条件下，棉秆还田未对土壤微生物量碳含量产生显著影响。在翻耕条件下，DC 处理较 DN 处理的微生物量碳含量显著增加 44.15%（0～20 cm）和 45.26%（20～40 cm），表明在翻耕条件下，棉秆还田显著增加土壤微生物量碳含量。同时，在棉秆未还田条件下，翻耕处理（DN）较免耕处理（NN）的微生物量碳含量显著降低 26.54%（0～20 cm）和 25.44%（20～40 cm），表明翻耕显著降低土壤微生物量碳含量；在棉秆还田条件下，翻耕处理（DN）使生物量碳含量显著增加 3.30%（0～20 cm）和 8.77%（20～40 cm），表明棉秆还田措施可以弥补翻耕造成的土壤微生物量碳含量的下降，促进土壤微生物量碳含量的增加。

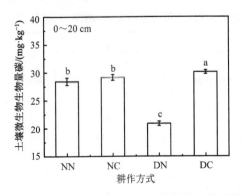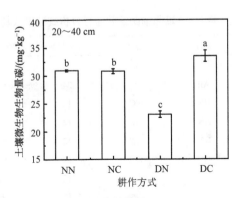

图 5-18　秋耕方式对膜下滴灌棉田土壤微生物量碳的影响

5.3.3 秋耕方式对土壤潜在硝化速率的影响

秋耕方式对土壤潜在硝化速率有显著影响（图 5-19）。深翻处理的土壤潜在硝化速率显著高于免耕处理（图 5-19），其中，DN 处理较 NN 处理显著增加31.39%（0~20 cm）和 29.54%（20~40 cm），DC 处理较 NC 处理显著增加64.56%（0~20 cm）和 66.66%（20~40 cm）。棉秆还田降低土壤潜在硝化速率，其中免耕条件下显著降低 27.35%（0~20 cm）和 31.97%（20~40 cm），翻耕条件下降低 9.01%（0~20 cm）和 12.48%（20~40 cm），但差异未达到显著水平。

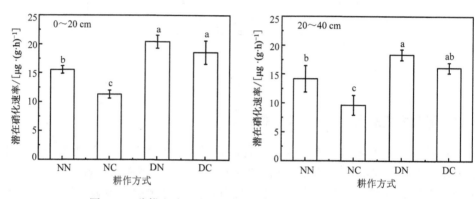

图 5-19　秋耕方式对膜下滴灌棉田土壤潜在硝化速率的影响

5.3.4 秋耕方式对土壤微生物群落的影响

通过多元方差分析和相似性分析检验不同处理组间差异。如表 5-4 所示，检验统计量 $R<0$，表明样本组内差异大于组间差异，$R>0$，表明组间差异大于组内差异。研究表明，不同秋耕方式对细菌群落结构产生显著影响，变异来源主要来自组间。秋耕方式未对真菌群落结构产生显著影响。

表 5-4　真菌细菌组间差异分析统计表（基于置换检验的多元方差分析和相似性分析）

组1	组2	样本数量	置换次数	P	Q	R
真菌						
All	—	24	999	0.614	—	0.018
NN	NC	12	999	0.543	0.852	0.059
NN	DC	12	999	0.331	0.852	0.026
NN	DN	12	999	0.865	0.919	-0.039
NC	DC	12	999	0.046	0.276	0.113
NC	DN	12	999	0.919	0.919	-0.007
DC	DN	12	999	0.568	0.852	-0.009

续表

组 1	组 2	样本数量	置换次数	P	Q	R
细菌						
All	—	24	999	0.001	—	0.308
NN	NC	12	999	0.025	0.025	0.252
NN	DC	12	999	0.002	0.006	0.582
NN	DN	12	999	0.015	0.018	0.211
NC	DC	12	999	0.002	0.006	0.459
NC	DN	12	999	0.006	0.011	0.228
DC	DN	12	999	0.007	0.011	0.330

　　秋耕方式对土壤表层（20 cm）细菌物种组成的影响见图 5-20。选取门和属水平上相对丰度前 10 的代表物种进行对比分析，在门的水平上，各处理间细菌组成相似，相对丰度排名前 5 的菌门分别为变形菌门、放线菌门、绿弯菌门、酸杆菌门、芽单胞菌门。深翻使绿弯菌门和放线菌门的相对丰度分别提高 1.37%和 1.55%（绝对值），使变形菌门的相对丰度分别降低了 4.23%。棉秆还田使变形菌门的相对丰度提高 4.69%，使拟杆菌门的相对丰度降低 1.53%。

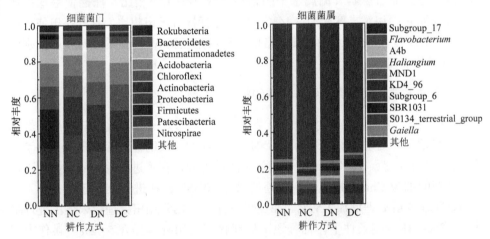

图 5-20　秋耕方式对土壤表层（0～20 cm）细菌物种组成的影响

　　在属的水平上，耕作方式主要影响 KD4-96、*Haliangium*、A4b 和 *Flavobacterium* 的相对丰度。其中，深翻使 KD4-96 的相对丰度提高了 1.03%。棉秆还田使 *Haliangium* 和 A4b 相对丰度提高了 0.54%、0.61%，使 *Flavobacterium* 的相对丰度降低了 1.95%。

　　秋耕方式对土壤表层（0～20 cm）真菌物种组成的影响见图 5-21。分别选取门和属水平上相对丰度排名前 10 位的代表物种进行对比分析，结果显示，在门水平上，各处理间真菌组成相似，子囊菌门为优势菌门。深翻使子囊菌门的相对丰度降低 1.75%，棉秆还田使子囊菌门的相对丰度增加 2.44%。子囊菌门的相对丰度最大值出现在 NC 处理（95.88%），最小值出现在 DN 处理（91.69%）。

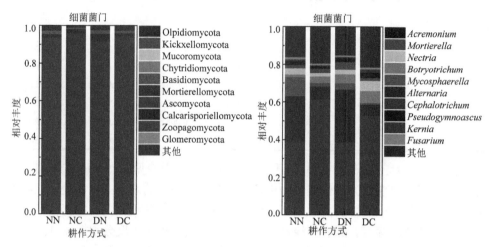

图 5-21　秋耕方式对土壤表层（0～20 cm）真菌物种组成的影响

耕作方式显著影响真菌属水平的物种组成。与免耕相比，深翻使毛葡孢属 *Botryotrichum* 的相对丰度增加 3.14%。与不进行棉秆还田相比，棉秆还田使头束霉属的相对丰度增加 18.46%，使链格孢属和丛赤壳属 *Nectria* 的相对丰度分别降低 19.86%和 0.73%。

5.3.5　秋耕方式对土壤微生物多样性的影响

秋耕方式对细菌 Chao1 指数有显著影响（表 5-5）。在 0～20 cm 土层，细菌 Chao1 指数在各处理间均表现为 DC>NC>DN>NN，表明棉秆深翻还田提高了表层土壤细菌多样性。比较各处理平均值之间的差异，在不进行棉秆还田条件下，深翻处理的细菌 Chao1 指数较免耕处理增加 10.48%；在进行棉秆还田条件下，深翻处理较免耕处理增加 1.53%。在免耕条件下，棉秆还田处理较未还田处理提升 14.93%；在深翻条件下，棉秆还田处理较未还田处理提升 5.62%。耕作方式对细菌 Goods-coverage、Pielou-e 和 Simpson 指数无显著影响。

表 5-5　秋耕方式对播种前土壤表层（0～20 cm）细菌 Alpha 多样性指数的影响

处理	Chao1	Goods-coverage	Pielou-e	Simpson
NN	3953.60±93.50c	0.9836±0.0039a	0.8833±0.0029a	0.9983±0.0000a
NC	4543.78±76.93ab	0.9850±0.0024a	0.8961±0.0065a	0.9987±0.0002a
DN	4368.00±124.42b	0.9838±0.0009a	0.8771±0.0158a	0.9976±0.0015a
DC	4613.43±148.87a	0.9815±0.0015a	0.8822±0.0027a	0.9984±0.0001a

秋耕方式对真菌 Chao1 指数有显著影响（表 5-6）。在 0～20 cm 土层，真菌

Chao1 指数在各处理间均表现为 DC>NC>DN>NN，表明棉秆深翻还田提高了表层土壤真菌多样性。深耕与免耕对真菌 Chao1 指数无显著影响，棉秆还田在免耕条件下使真菌 Chao1 指数显著增加 18.25%，在翻耕条件下使真菌 Chao1 指数显著增加 24.11%。耕作方式对真菌 Goods-coverage、Pielou-e 和 Simpson 指数无显著影响。

表 5-6　秋耕方式对播种前土壤表层（0～20 cm）真菌 Alpha 多样性指数的影响

处理	Chao1	Goods-coverage	Pielou-e	Simpson
NN	227.83±10.39c	0.99996±0.00002a	0.42±0.06a	0.75±0.07a
NC	269.40±10.34ab	0.99998±0.00001a	0.47±0.01a	0.80±0.02a
DN	235.03±35.93bc	0.99998±0.00001a	0.45±0.13a	0.75±0.21a
DC	291.69±16.06a	0.99998±0.00001a	0.46±0.07a	0.80±0.06a

5.3.6　秋耕方式对土壤主要酶活性的影响

秋耕方式对膜下滴灌棉田主要土壤酶活性的影响见图 5-22 和图 5-23。棉秆

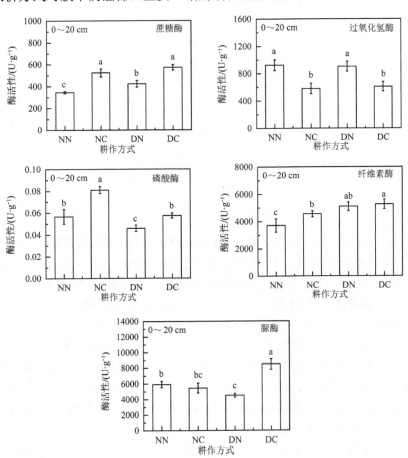

图 5-22　秋耕方式对 0～20 cm 土层土壤酶活性的影响

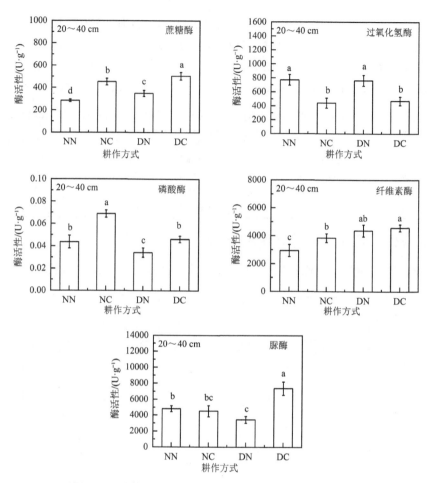

图 5-23 秋耕方式对 20～40 cm 土层土壤酶活性的影响

还田提高土壤蔗糖酶、纤维素酶和磷酸酶活性，降低过氧化氢酶活性。其中，免耕条件下棉秆还田处理使蔗糖酶活性提高 51.70%（0～20 cm）和 58.75%（20～40 cm），使纤维素酶活性提高 22.65%（0～20 cm）和 30.72%（20～40 cm），使磷酸酶活性降低 43.21%（0～20 cm）和 57.50%（20～40 cm），使过氧化氢酶活性降低 37.15%（0～20 cm）和 42.59%（20～40 cm）；翻耕条件下棉秆还田处理使蔗糖酶活性提高 35.10%（0～20 cm）和 44.16%（20～40 cm），使纤维素酶活性提高 3.36%（0～20 cm）和 4.64%（20～40 cm），使磷酸酶活性提高 25.01%（0～20 cm）和 34.98%（20～40 cm），使过氧化氢酶活性降低 32.58%（0～20 cm）和 38.04%（20～40 cm）。同时，翻耕条件下的酶活性的变化幅度小于免耕。

相较于免耕，翻耕显著增加土壤蔗糖酶和纤维素酶活性，降低磷酸酶活性。其中，棉秆还田条件下土壤蔗糖酶活性提高 9.25%（0～20 cm）和 11.41%

（20～40 cm）；纤维素酶活性提高 15.84%（0～20 cm）和 18.91%（20～40 cm）；磷酸酶活性降低 29.25%（0～20 cm）和 32.86%（20～40 cm）。棉秆不还田条件下，土壤蔗糖酶活性提高 22.68%（0～20 cm）和 22.68%（20～40 cm）；纤维素酶活性提高 37.46%（0～20 cm）和 48.56%（20～40 cm）；磷酸酶活性降低 18.95%（0～20 cm）和 21.66%（20～40 cm）。

5.4　不同秋耕方式下棉田土壤质量综合评价

5.4.1　基于指标全集的土壤质量评价

对本章所列物理、化学和生物质量等 32 个评价参数进行相关性分析，结果表明有 86 对评价参数相关性达到显著或极显著水平（表 5-7），表明变量之间存在相关性，可以进行因子分析。

表 5-7　土壤质量评价参数间的相关性矩阵

参数	X_1	X_2	X_3	X_4	X_5	X_6	X_7	X_8	X_9	X_{10}	···
X_1	1	1.000**	−0.0812**	0.770**	−0.332	0.658*	−0.762**	−0.013	0.873**	−0.244	
X_2		1	−0.812**	0.770**	−0.332	0.658*	−0.762**	−0.013	0.873**	−0.244	
X_3			1	−0.617*	0.478	−0.878**	0.512	0.029	−0.798**	0.604*	
X_4				1	−0.732**	0.617*	−0.461	0.164	0.941**	0.204	
X_5					1	−0.639*	−0.180	−0.488	−0.694*	−0.021	
X_6						1	−0.179	0.280	0.787**	−0.506	
X_7							1	0.485	−0.487	0.079	
X_8								1	0.200	0.018	
X_9									1	−0.083	
X_{10}										1	
⋮											

对各评价参数通过隶属函数线性变换后进行主成分分析，确定各参数的权重。因子荷载结果表明，前 6 个主成分的特征值大于 1，累积方差贡献率达 94.873%（表 5-8）。由表 5-9 可以看出，6 个主成分可以解释大部分土壤质量评价参数的变异性。

表 5-8　土壤质量评价参数主成分分析

主成分	特征值	方差贡献率/%	累积方差贡献率/%
1	8.400	26.250	26.250
2	5.758	17.993	44.243
3	5.701	17.816	62.059

续表

主成分	特征值	方差贡献率/%	累积方差贡献率/%
4	4.620	14.437	76.495
5	2.971	9.285	85.781
6	2.909	9.092	94.873

表 5-9　土壤质量评价参数的主成分分析

评价参数	旋转后因子荷载						公因子方差	权重
	1	2	3	4	5	6		
土壤呼吸速率	0.968	−0.052	0.128	−0.070	0.107	0.118	0.986	0.032
水稳性大团聚体含量	0.915	0.065	0.368	0.059	0.100	0.020	0.992	0.033
纤维素酶	0.872	−0.236	−0.149	−0.039	0.100	−0.099	0.859	0.028
容重	0.865	−0.459	0.033	−0.126	−0.045	0.050	0.980	0.032
孔隙度	0.865	−0.459	0.033	−0.126	−0.045	0.050	0.980	0.032
机械稳性大团聚体含量	−0.857	0.220	0.399	0.093	−0.006	0.015	0.952	0.031
总碳	0.840	0.128	−0.451	−0.065	0.125	0.067	0.949	0.031
固相比例	0.715	−0.047	0.630	0.096	0.074	−0.102	0.936	0.031
总氮	−0.696	−0.578	−0.055	0.021	−0.223	−0.196	0.909	0.030
气相比例	0.660	0.125	0.559	0.255	0.081	0.373	0.974	0.032
pH 值	−0.658	−0.430	0.493	0.131	0.009	0.147	0.901	0.030
脲酶	−0.036	−0.907	−0.301	−0.138	−0.080	−0.098	0.949	0.031
微生物量碳	−0.114	0.888	0.295	0.153	0.045	0.270	0.988	0.033
有效磷	−0.480	0.763	−0.232	0.030	0.111	0.310	0.975	0.032
磷酸酶	−0.149	0.749	−0.536	−0.149	0.203	0.151	0.956	0.031
硝化速率	0.446	−0.690	0.505	0.099	0.001	−0.093	0.949	0.031
贮水量	−0.555	0.617	−0.182	−0.018	−0.471	−0.066	0.947	0.031
细菌高质量序列量	−0.142	−0.157	0.937	−0.127	0.042	0.160	0.965	0.031
过氧化氢酶	−0.149	0.267	0.874	0.283	−0.026	−0.074	0.943	0.031
真菌 Chao1 指数	0.117	0.183	0.702	0.611	0.097	0.190	0.958	0.0316
真菌 Simpson 指数	−0.074	0.011	0.117	0.976	0.079	−0.007	0.978	0.032
真菌 Pielou-e 指数	−0.033	−0.138	0.121	0.921	−0.039	−0.134	0.903	0.030
细菌 Simpson 指数	−0.153	0.439	−0.205	0.803	0.151	0.181	0.959	0.032
真菌 OTUs	0.022	−0.097	0.502	0.773	0.080	0.122	0.880	0.029
细菌 Pielou-e 指数	−0.180	0.495	−0.547	0.638	0.064	−0.050	0.990	0.033
细菌 Chao1 指数	0.112	0.128	0.036	0.078	0.973	0.119	0.997	0.033
细菌 OTUs	0.068	0.171	−0.178	0.061	0.961	0.016	0.993	0.033
细菌 Goods-coverage 指数	−0.184	0.126	−0.488	−0.079	−0.758	−0.354	0.994	0.033
真菌 Goods-coverage 指数	0.012	−0.143	0.392	0.314	−0.135	−0.814	0.953	0.031
液相比例	−0.303	−0.283	−0.228	−0.340	−0.054	−0.797	0.977	0.032

评价参数	旋转后因子荷载						公因子方差	权重
	1	2	3	4	5	6		
真菌高质量序列量	-0.120	0.174	0.408	0.158	0.212	0.747	0.840	0.028
盐分	0.128	0.523	0.047	-0.473	0.110	0.567	0.849	0.028

基于各土壤质量评价参数的隶属度值和权重，计算指标全集的土壤质量指数 SQI_{TDS}，结果表明 SQI_{TDS} 大小排列顺序为 DC>NC>DN>NN（表 5-10），棉秆深翻还田模式下土壤质量指数最大，深耕和棉秆还田促进土壤质量的提高。

表 5-10　秋耕方式对膜下滴灌棉田 SQI_{TDS} 的影响

处理	平均值	标准差	变异系数/%
NN	0.48	0.04	8.29
NC	0.51	0.03	5.15
DN	0.50	0.08	15.44
DC	0.62	0.03	5.15

5.4.2　基于最小数据集的土壤质量评价

通过主成分分析和相关性分析建立最小数据集，方法同 3.4 节，最终选择土壤呼吸速率、脲酶活性、细菌高质量序列量、真菌 Pielou-e 指数、真菌 Goods-coverage 指数、细菌 Chao1 指数进入最小 MDS。各评价参数间无明显相关性（表 5-11）。根据 MDS 评价参数的公因子方差计算权重（表 5-12），计算得到 SQI_{MDS}，结果显示不同秋耕模式下，SQI_{MDS} 表现为 DC>DN>NC>NN（表 5-13），与 SQI_{TDS} 计算结果相似，深翻和棉秆还田有利于土壤质量的提高。

表 5-11　MDS 土壤质量评价参数间的相关性矩阵

参数	X_1	X_2	X_3	X_4	X_5	X_6
X_1	1	-0.045	0.017	-0.099	-0.052	0.219
X_2		1	-0.139	0.004	0.095	-0.239
X_3			1	0.036	0.206	0.055
X_4				1	0.496	0.011
X_5					1	-0.211
X_6						1

注：X_1 为土壤呼吸速率；X_2 为脲酶活性；X_3 为细菌高质量序列量；X_4 为真菌 Pielou-e 指数；X_5 为真菌 Goods-coverage 指数；X_6 为细菌 Chao1 指数。下同。

表 5-12　MDS 土壤质量评价参数的公因子方差和权重

参数	公因子方差	权重
X_1	0.242	0.081
X_2	0.452	0.152

续表

参数	公因子方差	权重
X_3	0.348	0.117
X_4	0.614	0.21
X_5	0.757	0.25
X_6	0.568	0.19

表 5-13　秋耕方式对膜下滴灌棉田 SQI_{MDS} 的影响

处理	平均值	标准差	变异系数/%
NN	0.412	0.113	27.512
NC	0.561	0.097	17.356
DN	0.593	0.075	12.629
DC	0.637	0.151	23.681

5.5　秋耕方式影响长期滴灌棉田土壤质量的讨论分析

5.5.1　秋耕方式对滴灌棉田土壤物理结构的影响

研究表明，秋耕方式对土壤物理性质有显著影响（陈传信等，2020；库润祥等，2019；Martins et al.，2021）。免耕和棉秆还田作为常用的保护性耕作（Fernandes et al.，2022；朱玉伟，2018），能有效改善土壤的物理性质，提高作物产量（Huang et al.，2021）。秸秆还田结合深耕措施后，土壤环境往往更适于作物生长（马星竹，2020）。本研究中，深翻棉秆还田措施显著降低土壤容重，增加土壤孔隙度，这与杨佳宇等（2021）和董建新等（2021a，2021b）研究结果一致。这是由于农用机械直接作用于土体，其运行过程中破坏了土壤颗粒紧密连接的状态，导致土壤颗粒堆积松散，单位体积内颗粒质量降低，孔隙增大。另外，棉秆本身的密度远低于土壤，而松散程度高于土壤，当棉秆直接输入土体后，也是导致土壤容重和孔隙度变化的重要原因。同时，本研究结果显示，不同秋耕方式下土壤容重和孔隙度的差异随着土层深度的增加而减小，结果与李瑞平（2021）相似。原因可能是机械翻耕效果随着深度增加而减弱，外部压力不会对深层土壤造成较大扰动。土壤三相比是评价土壤水、热、气等状况的关键参数，Lal 和 Shukla（2004）的研究表明，旱作农业最适土壤三相比例为 50%：25%：25%（固相：液相：气相）。在本研究中，免耕处理下剖面平均土壤三相比分别为 51.99%：32.78%：15.23%（2019～2020 年）和 52.63%：29.69%：17.69%（2020～2021 年），气相和液相比例失调相对严重，因而免耕并不能改善土壤三相比。棉秆深翻还田降低了土壤的固相比例，增加土体中气相和液相的比例，本研究中棉秆深翻处理中土壤剖面三相比分别为 45.68%：27.74%：26.58%（2019～

2020 年）和 44.66%：26.22%：29.02%（2020～2021 年），对比免耕处理降低了 6.31%和 7.91%固相比例，这与王秋菊等（2019）研究结果相同，其研究表明秸秆耕层还田可降低 2.42%～4.30%的土壤固相比例，同时有效改善土体孔隙结构特征。本研究发现，棉秆深翻还田相较深翻不还田处理对土壤物理性质改善更优，这与邹文秀等（2020）和李娜等（2021）研究结果相似。一般来说，不同耕作方式下土壤三相比、土壤容重和孔隙度三者之间的变化紧密相关，土壤三相比一定程度上也反映了土壤重量和土壤孔隙结构特征。本研究连续 2 年的观测结果显示，在棉秆还田和深耕处理下的土壤三相比在土壤竖直剖面上的分布更加均匀，同时更加接近旱作农业理想的土壤三相比，这与 Xue 等（2022）研究结果相似。观察容重和孔隙度的变化也可以发现，2021 年土壤容重和孔隙度的垂直分布较 2020 年更加均匀，变化起伏更小。说明棉秆还田时间越长对土壤改良产生效果越好，这与张奇等（2020）研究结果相似。

团聚体稳定性作为衡量土壤结构和质量的重要参数之一，受到耕作方式的影响极为显著（孟祥海等，2019）。Mohamed 等（2021）研究表明，短期的稻草还田可增加土壤中 0.25～2 mm 和 0.053～0.25 mm 团聚体含量。李磊等（2019）研究发现，秸秆还田可以增加土壤水稳性团聚体数量。温美娟等（2020）研究发现，深松和秸秆还田措施均可以影响土壤团聚体的大小和数量，同时秸秆深松还田会促使大团聚体的形成。本研究发现，相较于免耕地，深耕和棉秆还田处理下>2 mm 机械稳定性团聚体含量显著更低，而<1 mm 以下各级团聚体含量显著更高。这是由于免耕地在脱离农业机械扰动后，土壤颗粒随着时间和在各种有机质积累等作用下不断聚集形成大颗粒（Hok et al., 2021）。在深耕和棉秆还田处理下，土壤颗粒在汇聚变大的过程中受到机械破坏，形成了更多的小颗粒。在翻耕条件下，大颗粒被破坏，土壤容重降低，孔隙度增加，因此作物根系获得了更优的生长空间，根际微生物活性提高，有助于微团聚体形成小团聚体。深耕和棉秆还田处理的大团聚体数量、MWD 和 GMD 显著低于免耕处理，与霍琳等（2019）研究结果一致。在本研究中，各耕作方式下>2 mm 水稳性团聚体显著低于机械稳定性团聚体，而 0.053～0.25 cm 和<0.053 mm 水稳性团聚体含量显著增加。对比机械稳定性团聚体，水稳性团聚体 MWD 和 GMD 显著降低，这说明本研究区团聚体结构水稳性较差。对比不同耕作方式下大团聚体（>0.25 mm）比例可以发现，免耕条件下水稳性大团聚体含量显著低于机械稳定性团聚体，说明免耕地土壤团聚体水稳性更差，与邹文秀等（2020）研究结果相似。棉秆深翻还田处理下保留了更多的水稳性大团聚体数量，说明棉秆深翻还田可以提高水稳性大团聚体稳定性，与温美娟等（2020）和 Piazza 等（2019）的研究结果相似。但与 Shu 等（2015）研究结果不同，后者研究表明免耕和少耕可增加水稳性大团聚体稳定性，这可能是由于当地土壤和气象条件与本研究区不同的原因。本研究区耕地均是由盐碱地开荒而来，物理结构基础薄弱，且研究区内全年降水较少且蒸发强烈，免耕地土壤直接暴露在此环境下，大团聚体的稳定性较差。虽然前人众多研究和本研究都已证实了棉秆还田能对团聚体稳定性起到增强作用，但是本试验中缺乏对棉秆还田定量研究，已有研究表明棉秆还田措施对土壤团聚体的影响同样与棉秆掺入数量有关。例如，董建新等（2021）研究显示，秸秆超量还田会显著增加水稳性大团聚体含量，降低微团聚体含量。Zhang 等（2014a）研究也指出更多的秸秆掺入率对土壤团聚体分布和稳定性增强效果更好。因此，在后续的研究中，有必要展开相关的研究以便深入理解旱区农业土壤改良的管理方案。

　　盐分影响土壤团聚体形成。Lakhdar 等（2009）研究表明盐碱土壤中过量的可交换钠会导致黏粒从土壤团聚体中分离出来，从而破坏了土壤的物理结构。在本研究中，<0.25 mm 团聚体是土壤盐分的主要存储级别，同时土壤含盐量和机械稳定性团聚体级别大小成反比。在同级别下，免耕地土壤含盐量大于深耕地，棉秆还田处理土壤含盐量高于不还田处理。同时，盐分影响土壤中有机质与小颗粒结合形成团聚体（Six et al., 2000；Kravchenko et al., 2011），因此被土壤颗粒排斥，不易聚集在土壤大团聚体里。

　　土壤有机碳对作物生长至关重要。有机质的输入情况、土壤盐分状况及土壤团聚体的稳定性均直接影响土壤有机碳含量（Amini et al., 2016；Manukyan，2018；Wong et al., 2010）。在本研究中，>2 mm 团聚体是土壤有机碳的主要存储级别，土壤有机碳含量与水稳性团聚体级别成正比，并在棉秆深耕还田处理下取得了最大值。本研究棉秆还田处理下>2 mm 和 0.25～2 mm 水稳性团聚体数量显著更高，同时>2 mm 团聚体内盐分更低，所以以棉秆还田措施下土壤有机碳含量更高，各级别团聚体中大团聚体所含土壤有机碳含量更高。

5.5.2　秋耕方式对滴灌棉田土壤肥力的影响

　　秸秆还田和耕作方式显著影响农田中的养分循环与收支平衡（陈冬林等，2010）。本研究发现，棉花收获后棉秆还田处理增加了次年土壤有效磷含量，同时，棉秆深翻还田提高了次年土壤耕层总碳含量，增加土壤呼吸速率和 CO_2 排放总量。大量研究表明秸秆还田有利于土壤氮、磷、钾含量的增加（王忠波等，2022；邱文静等，2021；李新悦等，2021；董林林等，2019），能够提高土壤有机质含量和土壤呼吸速率（Hu et al., 2018b；徐萌等，2012；Liu et al., 2014）。原因是：一方面，棉秆还田降低土壤容重（徐桂红等，2021），增加土壤透气性，提高土壤温度和湿度，促进了土壤中磷的释放；另一方面，棉秆含有多种营养元素（王海景和康晓东，2009），棉秆还田直接增加了土壤总碳的输入，改善土壤养分状况，增加土壤固碳能力（郝翔翔等，2013）。在本研究中，深翻处理较免耕处理表层有效磷和总氮含量降低。原因是免耕方式下土壤养分更易聚集在土壤表层，土壤的速效养分难以向下迁移（李友军等，2006），而翻耕促进较深土壤培肥，有利于耕层厚度的增加（何咏霞，2020）。罗玉琼等（2020）研究表明，免耕较常规耕作表层土壤全氮、有效磷含量显著提高；舒晓晓等（2019）、闫雷等（2019）、孟婷婷和张露（2019）的研究结果都显示免耕显著增加土壤表层全氮、有效磷含量。棉秆深翻还田抑制了非灌溉季节土壤盐分积累，原因是棉秆覆盖降低土壤水分的累积蒸发（邓亚鹏等，2021；王海娟等，2018；唐文政，2018）。同时，深翻增加水分入渗能力，减少雪水融化径流的产生，有利于雪水淋溶脱盐。

5.5.3　秋耕方式对滴灌棉田土壤微生物特性的影响

土壤酶活性作为土壤质量评价的指标之一（Ma et al., 2017；Finkenbein et al., 2013；Garcia-Ruiz et al., 2008；Trasar-Cepeda et al., 2008；Chen et al., 2022），探究其在不同耕作方式下的响应特征能够对耕地管理提出有效的建议。周永学等（2021）研究发现秸秆还田会显著提高过氧化氢酶、蔗糖酶和碱性磷酸酶活性，但会降低脲酶活性。Wu 等（2020）研究表明土壤磷酸酶、脲酶和蔗糖酶活性随着秸秆还田掺入率的增加而增加。在本研究中，相较于免耕土壤，免耕棉秆还田处理和棉秆深翻还田土壤拥有更高的蔗糖酶纤维素酶活性，这是由于掺入土壤的棉秆本身含有一定的相关酶，同时输入的棉秆也为土体中微生物活动提供能源，刺激了微生物新陈代谢，导致土壤酶活性升高。但是在棉秆深翻还田处理下，脲酶活性显著降低，这与刘子刚等（2022）的研究结果不同，这可能是由试验区气候和地理位置差异造成的。Mohamed 等（2021）结果表明，以 15 $g \cdot kg^{-1}$ 的稻草施用量在施用后的前 60d 内提高了脱氢酶、脲酶、中性磷酸酶和过氧化氢酶的活性；此后，前 3 种酶的活性显著下降。Ma 等（2017）研究发现，土壤中的酶活性具有强烈的季节性动态，受环境温度的影响较大（Boerner et al., 2005；Wallenstein et al., 2009）。在本研究中，不同耕作方式下 0～20 cm 和 20～40 cm 土层土壤酶活性的响应基本一致，但 0～20 cm 土层土壤酶活和加权平均值高于 20～40 cm 土层，与张志勇等（2020）研究结果相同。这可能是因为 0～20 cm 土层残存有更多的植物残体，为土壤微生物提供了更好的活动空间和载体，同时土壤通气条件和肥力状况更优。

土壤微生物在驱动和调节陆地生态系统养分循环方面发挥关键作用。土壤微生物碳是土壤有效养分重要来源，作为土壤碳氮循环的关键组分，受耕作方式的影响（Hao et al., 2019）。He 等（2021）研究表明，免耕和深松耕及二者轮作能够显著增加土壤微生物量碳含量。Liu 等（2022）研究表示，长期秸秆还田可显著增加土壤微生物量碳含量。本研究指出，深耕土壤微生物量碳含量较免耕地显著降低，这与孙宝龙等（2020）的研究结果相同。若只进行棉秆还田对土壤微生物量碳含量无显著影响，但深翻结合棉秆还田可以显著增加土壤微生物量碳含量。这可能与水稳性大团聚体比例有关，本研究中棉秆深翻还田措施增加了更多的水稳性大团聚体，而在大尺寸团聚体下土壤微生物拥有更高的活性，这在

Jiang 等（2011）的研究中也有体现。

秸秆还田是直接向土壤输送氮素的途径之一（徐英德等，2017；Liu et al.，2022）。硝化作用是全球氮循环的重要环节（Koops et al., 2001），是土壤微生物将氨氧化为硝酸盐的生物过程。土壤硝化速率是研究土壤氮素转化的常用手段，与耕作方式有一定响应。在本研究中，相较于免耕地，深翻土地拥有更高的土壤潜在硝化速率，与 Taghizadeh-Toosi 等（2022）的研究结果相同。但是在其研究中，作物残渣覆盖下基本没有 N_2O 排放，这可能是由于其研究中采用的是饲料萝卜覆盖还田，而本研究中采用的是棉秆还田，覆盖作物材料不同导致研究结果不同。另外，在本研究中，免耕条件下棉秆还田处理下较不还田获得了显著更低的土壤潜在硝化速率，而翻耕处理下不显著。这可能是由于棉秆本身大量的氮素使土壤中 NH_4^+ 增加，导致微生物硝化压力过大。

5.6　小　　结

（1）深翻和棉秆还田显著降低土壤容重，增加土壤孔隙度。棉秆深翻还田降低土壤固相比例，增加土壤液相和气相的比例，使三者比例分布更加均匀。深耕增加土壤微团聚体比例，显著降低土壤机械稳定性大团聚体数量，进而降低土壤团聚体的机械稳定性。棉秆还田有利于机械稳定性大团聚体的形成，一定程度上弥补了深耕对团聚体机械稳定性的破坏作用。棉秆深翻还田提高了土壤水稳性大团聚体比例，提高>2 mm 团聚体内有机碳含量，降低团聚体内盐分含量，有利于提高团聚体的水稳性。

（2）深翻和棉秆还田对土壤养分储量影响不同。深翻显著降低棉田耕层土壤有效磷含量，棉秆还田有助于提高棉田耕层有效磷含量。深翻和秸秆还田均有助于提高棉田耕层总碳含量，降低总氮含量。未冻期和融化期土壤呼吸速率相对较高，冻结期土壤呼吸速率相对降低，仅为 $0.02 \sim 0.08$ $mol \cdot m^{-2} \cdot d^{-1}$，非灌溉季节棉田 CO_2 总排放量为 $349.92 \sim 746.06$ $g \cdot m^{-2}$，深翻和棉秆还田均提高了土壤呼吸速率和 CO_2 排放量。不同秋耕方式对膜下滴灌棉田融化后盐分在土壤中的分布有显著影响，棉秆深翻还田减轻了膜下滴灌棉田土壤盐分的表聚，降低了融化后土壤储盐量。不同秋耕方式对膜下滴灌棉田融化后水分在土壤中的分布无显著影响，但对土壤贮水量有显著影响，深翻处理使土壤贮水量显著降低，棉秆还田使土壤贮水量增加，但相同耕作方式下差异未达显著水平。棉秆还田增加土壤的保温能力，减小非灌溉季节土壤冻结深度，提高冻融过程中的最低温度，使土壤平均温度提高1℃。深翻耕作较免耕使土壤在冻融过程中的平均温度下降0.05℃。

（3）秋耕方式对土壤酶活性产生显著影响，棉秆还田提高土壤蔗糖酶、磷酸酶和纤维素酶活性，深耕提高蔗糖酶、纤维素酶和脲酶的活性，但降低过氧化氢酶和磷酸酶的活性。秋耕方式对土壤微生物量碳产生显著影响，深耕处理较免耕处理显著降低土壤微生物量碳，棉秆还田可以弥补深翻造成的微生物量碳损失。秋耕方式影响土壤微生物群落组成，棉秆深翻还田有利于细菌和真菌多样性的提高。

（4）基于数据全集和最小数据集计算得到土壤质量综合指数，结果表明棉秆和深耕提高了土壤 SQI_{TDS} 和 SQI_{MDS}，说明深翻耕作和棉秆还田模式提高土壤质量，减小冻融过程土壤质量的下降幅度。

参 考 文 献

鲍文，赖奕卡，2011. 湘中红壤丘陵区不同土地利用类型对土壤特性的影响[J]. 中国水土保持（10）：47-50，66.

曹湘英，2018. 季节性冻融期坡面白浆土有效磷分布特征研究[D]. 沈阳：沈阳农业大学.

柴仲平，梁智，王雪梅，等，2008. 连作对棉田土壤物理性质的影响[J]. 中国农学通报，24（8）：192-195.

常汉达，王晶，张凤华，2019. 棉花长期连作结合秸秆还田对土壤颗粒有机碳及红外光谱特征的影响[J]. 应用生态学报，30（4）：1218-1226.

常宗强，马亚丽，刘蔚，等，2014. 土壤冻融过程对祁连山森林土壤碳氮的影响[J]. 冰川冻土，36（1）：200-206.

陈传信，赛力汗·赛，张永强，等，2020. 耕作方式对伊犁河谷旱地农田土壤物理性质和小麦产量的影响[J]. 中国农学通报，36（8）：17-20.

陈冬林，易镇邪，周文新，等，2010. 不同土壤耕作方式下秸秆还田量对晚稻土壤养分与微生物的影响[J]. 环境科学学报，30（8）：1722-1728.

陈哲，杨世琦，张晴雯，等，2016. 冻融对土壤氮素损失及有效性的影响[J]. 生态学报，36（4）：1083-1094.

程曼，解文艳，杨振兴，等，2019. 黄土旱塬长期秸秆还田对土壤养分、酶活性及玉米产量的影响[J]. 中国生态农业学报（中英文），27（10）：1528-1536.

丛小涵，王卫霞，2021. 不同农作方式对阿克苏地区土壤物理特性的影响[J]. 西南农业学报，34（10）：2123-2129.

崔莉红，朱焱，赵天兴，等，2019. 季节性冻融土壤盐分离子组成与冻结层盐分运移规律研究[J]. 农业工程学报，35（10）：75-82.

邓彩云，王玉刚，牛子儒，等，2017. 开垦年限对干旱区土壤理化性质及剖面无机碳的影响[J]. 水土保持学报，31（1）：254-259.

邓超，毕利东，秦江涛，等，2013. 长期施肥下土壤性质变化及其对微生物生物量的影响[J]. 土壤，45（5）：888-893.

邓娜，2016. 冻融作用对松嫩草地土壤氮、磷矿化的影响[D]. 长春：东北师范大学.

邓西民，王坚，1999. 冻融作用对犁底层土壤物理性状的影响[J]. 科学（11）：2.

邓亚鹏，孙池涛，孙景生，等，2021. 秸秆覆盖条件下滨海盐渍土水盐分布及蒸发特征[J]. 中国农村水利水电，3：128-133.

丁奠元，冯浩，赵英，等，2016. 氨化秸秆还田对土壤孔隙结构的影响[J]. 植物营养与肥料学报，22（3）：650-658.

董建新，丛萍，刘娜，等，2021a. 秸秆深还对黑土亚耕层土壤物理性状及团聚体分布特征的影响[J]. 土壤学报，58（4）：921-934.

董建新，宋文静，丛萍，等，2021b. 旋耕配合秸秆颗粒还田对土壤物理特性的影响[J]. 中国农业科学，54（13）：2789-2803.

董林林，王海侯，陆长婴，等，2019. 秸秆还田量和类型对土壤氮及氮组分构成的影响[J]. 应用生态学报，30（4）：1143-1150.

董艳，董坤，郑毅，等，2009. 种植年限和种植模式对设施土壤微生物区系和酶活性的影响[J]. 农业环境科学学报，28（3）：527-532.

杜利，2019. 不同残膜量对玉米生长发育及土壤环境的影响[D]. 杨陵：西北农林科技大学.

杜满聪，2019. 耕作方式对坡耕地赤红壤结构稳定性的影响[D]. 广州：广州大学.

杜青峰，2020. 浅析棉花主要病虫害农田生态调控综合治理技术[J]. 农业开发与装备（1）：164，168.

范昊明，钱多，周丽丽，等，2011. 冻融作用对黑土力学性质的影响研究[J]. 水土保持通报，31（3）：81-84.

冯棣，张俊鹏，孙池涛，等，2014. 长期咸水灌溉对土壤理化性质和土壤酶活性的影响[J]. 水土保持学报，28（3）：171-176.

付强，侯仁杰，李天霄，等，2016. 冻融土壤水热迁移与作用机理研究[J]. 农业机械学报，47（12）：99-110.

付强，侯仁杰，马梓奡，等，2019. 季节性冻土区不同调控模式对土壤水盐迁移协同效应的影响[J]. 黑龙江大学工程学报，10（1）：1-10，33.

付强，李庆林，李天霄，等，2021. 农田土壤冻融过程的水土环境效应理论与实践研究[J]. 黑龙江大学工程学报，12（3）：164-175.

富广强，李志华，王建永，等，2013. 季节性冻融对盐荒地水盐运移的影响及调控[J]. 干旱区地理，36（4）：645-654.

高洪军，彭畅，朱末，等，2021. 不同轮耕模式对黑土土壤微生物群落结构的影响[J]. 玉米科学，29（5）：104-112.

高丽秀，李俊华，张宏，等，2015. 秸秆还田对滴灌春小麦产量和土壤肥力的影响[J]. 土壤通报，46（5）：1155-1160.

高敏，李艳霞，张雪莲，等，2016. 冻融过程对土壤物理化学及生物学性质的影响研究及展望[J]. 农业环境科学学报，35（12）：2269-2274.

高鹏，李增嘉，杨慧玲，等，2008. 渗灌与漫灌条件下果园土壤物理性质异质性及其分形特征[J]. 水土保持学报（2）：155-158.

高文翠，杨卫君，史春玲，等，2021. 膜下滴灌连作棉田土壤有机碳及其活性变化分析[J]. 新疆农业科学，58（9）：1603-1609.

贡璐，张海峰，吕光辉，等，2011. 塔里木河上游典型绿洲不同连作年限棉田土壤质量评价[J]. 生态学报，31（14）：4136-4143.

谷鹏，焦燕，杨文柱，等，2018. 不同灌溉方式对农田土壤微生物丰度及通透性的影响[J]. 灌溉排水学报，37（1）：21-27.

关连珠，张伯泉，颜丽，1991. 不同肥力黑土、棕壤微团聚体的组成及其胶结物质的研究[J]. 土壤学报，28（3）：260-267.

郭俊姝，2015. 不同施肥模式对东北春玉米氮素利用与农田温室气体排放的影响[D]. 北京：中国农业科学院.

国家统计局农村社会经济调查司，2021. 中国农村统计年鉴[M]. 北京：中国统计出版社.

韩上，武际，李敏，等，2020. 深耕结合秸秆还田提高作物产量并改善耕层薄化土壤理化性质[J]. 植物营养与肥料学报，26（2）：276-284.

韩新忠，朱利群，杨敏芳，等，2012. 不同小麦秸秆还田量对水稻生长、土壤微生物生物量及酶活性的影响[J]. 农业环境科学学报，31（11）：2192-2199.

郝翔翔，杨春葆，苑亚茹，等，2013. 连续秸秆还田对黑土团聚体中有机碳含量及土壤肥力的影响[J]. 中国农学通报，29（35）：263-269.

何海锋，吴娜，刘吉利，等，2020. 柳枝稷种植年限对盐碱土壤理化性质的影响[J]. 生态环境学报，29（2）：285-292.

何咏霞，2020. 耕作方式与秸秆还田对砂姜黑土肥力及冬小麦生长的影响[D]. 合肥：安徽农业大学.

侯贤清，李荣，2020. 秋耕覆盖对土壤水热肥与马铃薯生长的影响分析[J]. 农业机械学报，51（12）：262-275.

胡怀舟，胡邦友，张绪林，等，2020. 稻田免耕年限与复耕次数对土壤容重和水稻生长的影响[J]. 中国农学通报，36（10）：1-7.

胡明芳, 田长彦, 赵振勇, 等, 2012. 新疆盐碱地成因及改良措施研究进展[J]. 西北农林科技大学学报（自然科学版）, 40（10）：111-117.

胡霞, 尹鹏, 彭言劼, 等, 2021. 冻融交替下高山土壤微生物和矿质氮库对外源氮输入的响应[J]. 重庆师范大学学报（自然科学版）, 38（4）：121-128.

虎胆·吐马尔白, 谷新保, 曹伟, 等, 2009. 不同年限棉田膜下滴灌水盐运移规律实验研究[J]. 新疆农业大学学报, 32（2）：72-77.

黄科朝, 沈育伊, 徐广平, 等, 2018. 垦殖对桂林会仙喀斯特湿地土壤养分与微生物活性的影响[J]. 环境科学, 39（4）：1813-1823.

黄思奇, 2020. 转 BADH 基因玉米秸秆降解对土壤化学性质及微生物的影响[D]. 哈尔滨：东北农业大学.

霍琳, 杨思存, 王成宝, 等, 2019. 耕作方式对甘肃引黄灌区灌耕灰钙土团聚体分布及稳定性的影响[J]. 应用生态学报, 30（10）：3463-3472.

姬艳艳, 张贵龙, 张瑞, 等, 2013. 耕作方式对农田土壤微生物功能多样性的影响[J]. 中国农学通报, 29（6）：117-123.

季泉毅, 冯绍元, 袁成福, 等, 2014. 石羊河流域咸水灌溉对土壤物理性质的影响[J]. 排灌机械工程学报, 32（9）：802-807.

贾凤安, 刘晨, 吕睿, 等, 2017. 耕作年限对延安新造耕地土壤养分、酶活性及微生物多样性的影响[J]. 陕西农业科学, 63（10）：1-5.

姜艳, 刘东阳, 李健梅, 等, 2021. 玛河流域不同连作年限棉田土壤质量分析及综合评价[J]. 干旱地区农业研究, 39（4）：186-193.

姜玉琴, 谢先进, 黄达, 2022. 耕地质量对耕地生产力的影响[J]. 中国农学通报, 38（3）：75-80.

金万鹏, 范昊明, 刘博, 等, 2019. 冻融交替对黑土团聚体稳定性的影响[J]. 应用生态学报, 30（12）：4195-4201.

康绍忠, 2019. 贯彻落实国家节水行动方案推动农业适水发展与绿色高效节水[J]. 中国水利（13）：1-6.

孔德杰, 2020. 秸秆还田和施肥对麦豆轮作土壤碳氮及微生物群落的影响[D]. 杨陵：西北农林科技大学.

孔君洽, 杜泽玉, 杨荣, 等, 2019. 荒漠绿洲农田垦殖过程中耕层土壤碳储量演变特征[J]. 应用生态学报, 30（1）：180-188.

李彬, 王志春, 孙志高, 等, 2005. 中国盐碱地资源与可持续利用研究[J]. 干旱地区农业研究, 23（2）：154-158.

李海强, 2021. 东北黑土区侵蚀小流域土壤质量空间分异特征及影响因素研究[D]. 杨陵：西北农林科技大学.

李辉信, 袁颖红, 黄欠如, 等, 2008. 长期施肥对红壤性水稻土团聚体活性有机碳的影响[J]. 土壤学报, 45（2）：259-266.

李娟, 赵秉强, 李秀英, 等, 2008. 长期有机无机肥料配施对土壤微生物学特性及土壤肥力的影响[J]. 中国农业科学, 41（1）：144-152.

李垒, 孟庆义, 2013. 冻融作用对土壤磷素迁移转化影响研究进展[J]. 生态环境学报, 22（6）：1074-1078.

李磊, 樊丽琴, 吴霞, 等, 2019. 秸秆还田对盐碱地土壤物理性质、酶活性及油葵产量的影响[J]. 西北农业学报, 28（12）：1997-2004.

李明思, 康绍忠, 孙海燕, 2006. 点源滴灌滴头流量与湿润体关系研究[J]. 农业工程学报, 22（4）：32-35.

李娜, 龙静泓, 韩晓增, 等, 2021. 短期翻耕和有机物还田对东北暗棕壤物理性质和玉米产量的影响[J]. 农业工程学报, 37（12）：99-107.

李瑞平, 2021. 吉林省半湿润区不同耕作方式对土壤环境及玉米产量的影响[D]. 哈尔滨：东北农业大学.

李珊, 杨越超, 姚媛媛, 等, 2022. 不同土地利用方式对山东滨海盐碱土理化性质的影响[J]. 土壤学报, 59（4）：1012-1024.

李彤, 王梓廷, 刘露等, 2017. 保护性耕作对西北旱区土壤微生物空间分布及土壤理化性质的影响[J]. 中国农业科学, 50 (5): 859-870.

李维, 2016. 食用菌菌糠的腐熟及腐熟物在土壤改良中的应用[D]. 北京: 北京理工大学.

李文昊, 王振华, 郑旭荣, 等, 2015. 冻融对北疆盐碱地长期滴灌棉田土壤盐分的影响[J]. 干旱地区农业研究, 33 (3): 40-46.

李新悦, 李冰, 莫太相, 等, 2021. 长期秸秆还田对水稻土团聚体及氮磷钾分配的影响[J]. 应用生态学报, 32 (9): 3257-3266.

李艳, 李玉梅, 刘峥宇, 等, 2019. 秸秆还田对连作玉米黑土团聚体稳定性及有机碳含量的影响[J]. 土壤与作物, 8 (2): 129-138.

李艳楠, 2012. 油菜素内酯处理对番茄根结线虫的防治效果研究[D]. 洛阳: 河南科技大学.

李毅, 王文焰, 王全九, 等, 2003. 非充分供水条件下滴灌入渗的水盐运移特征研究[J]. 水土保持学报, 17 (1): 1-4.

李迎新, 2021. 冻融循环和干湿交替对退耕还湿土壤磷形态影响研究[D]. 长春: 中国科学院大学 (中国科学院东北地理与农业生态研究所).

李勇, 赵云泽, 勾宇轩, 等, 2022. 黄淮海旱作区农田耕层土壤结构特征及其影响因素[J]. 农业机械学报, 53 (3): 321-330.

李友军, 黄明, 吴金芝, 等, 2006. 不同耕作方式对豫西旱区坡耕地水肥利用与流失的影响[J]. 水土保持学报, 20 (2): 42-45.

李源, 2015. 东北黑土氮素转化和酶活性对水热条件变化的响应[D]. 长春: 东北师范大学.

刘慧霞, 董乙强, 崔雨萱, 等, 2021. 新疆阿勒泰地区荒漠草地土壤有机碳特征及其环境影响因素分析[J]. 草业学报, 30 (10): 41-52.

刘佳, 范昊明, 周丽丽, 等, 2009. 冻融循环对黑土容重和孔隙度影响的试验研究[J]. 水土保持学报, 23 (6): 186-189.

刘建国, 2008. 新疆棉花长期连作的土壤环境效应及其化感作用的研究[D]. 南京: 南京农业大学.

刘军, 景峰, 李同花, 等, 2015. 秸秆还田对长期连作棉田土壤腐殖质组分含量的影响[J]. 中国农业科学, 48 (2): 293-302.

刘利, 2010. 季节性冻融对亚高山/高山森林土壤微生物多样性的影响[D]. 成都: 四川农业大学.

刘谦, 2007. 新垦绿洲土壤质量变化研究[D]. 乌鲁木齐: 新疆农业大学.

刘谦, 陈亚宁, 李卫红, 2007. 干旱荒漠区新垦荒地的土壤理化状况研究[J]. 新疆农业科学, 44 (3): 318-321.

刘雪花, 支金虎, 柴朝晖, 等, 2019. 连作障碍消减措施对棉花产量形成和化感自毒作用的影响[J]. 新疆农业科学, 56 (3): 509-520.

刘子刚, 卢海博, 赵海超, 等, 2022. 旱作区春玉米秸秆还田方式对土壤微生物量碳氮磷及酶活性的影响[J]. 西北农业学报, 31 (2): 183-192.

卢虎, 姚拓, 李建宏, 等, 2015. 高寒地区不同退化草地植被和土壤微生物特性及其相关性研究[J]. 草业学报, 24 (5): 34-43.

卢响军, 武红旗, 张丽, 等, 2011. 不同开垦年限土壤剖面盐分变化[J]. 水土保持学报, 25 (6): 229-232.

吕殿青, 王全九, 王文焰, 等, 2002. 膜下滴灌水盐运移影响因素研究[J]. 土壤学报, 39 (6): 794-801.

罗亚峰, 陈艳艳, 张烨文, 等, 2011. 新疆壤土条件下滴灌棉田盐分运移规律研究[J]. 中国棉花, 38 (4): 27-29.

罗毅, 2014. 干旱区绿洲滴灌对土壤盐碱化的长期影响[J]. 中国科学: 地球科学, 44 (8): 1679-1688.

罗玉琼, 严博, 吴可, 等, 2020. 免耕和稻草还田对稻田土壤肥力和水稻产量的影响[J]. 作物杂志 (5): 133-139.

马富裕, 周治国, 郑重, 等, 2004. 新疆棉花膜下滴灌技术的发展与完善[J]. 干旱地区农业研究, 22 (3): 202-

208.

马星竹, 2020. 深松对黑土区土壤物理性质和玉米产量的影响[J]. 农机使用与维修 (11): 7-9.

马玉诏. 2021. 免耕冬小麦产量损失补偿效应及水分利用效率研究[D]. 泰安: 山东农业大学.

马梓翯, 2018. 大气-覆被-冻融土壤系统水热能量变化规律及传递机制研究[D]. 哈尔滨: 东北农业大学.

毛俊, 伍靖伟, 刘雅文, 等, 2021. 盐分对季节性冻融土壤蒸发的影响试验及数值模拟研究[J]. 灌溉排水学报, 40 (2): 62-69.

孟婷婷, 张露, 2019. 耕作方式对黄土高原土壤有效磷和速效钾的影响[J]. 西部大开发 (土地开发工程研究), 4 (3): 19-22.

孟祥海, 李玉梅, 王根林, 等, 2019. 不同耕作方式对草甸土结构变化的影响[J]. 黑龙江农业科学 (7): 4-11.

牟洪臣, 虎胆·吐马尔白, 苏里坦, 等, 2011. 不同耕种年限下土壤盐分变化规律试验研究[J]. 节水灌溉 (8): 29-31, 35.

宁琪, 陈林, 李芳, 等, 2022. 被孢霉对土壤养分有效性和秸秆降解的影响[J]. 土壤学报, 59 (1): 206-217.

彭新华, 张斌, 赵其国, 2004. 土壤有机碳库与土壤结构稳定性关系的研究进展[J]. 土壤学报, 44 (4): 618-623.

齐红志, 余天雨, 刘天学, 2021. 农田机械碾压对土壤物理特性及玉米生长和产量的影响[J]. 南方农业学报, 52 (4): 951-958.

秦艳, 2020. 松嫩平原西部苏打盐渍化土壤冻融过程及对土壤水、盐迁移的影响[D]. 长春: 中国科学院大学 (中国科学院东北地理与农业生态研究所).

邱文静, 栾璐, 郑洁, 等, 2021. 秸秆还田方式对根际固氮菌群落及花生产量的影响[J]. 植物营养与肥料学报, 27 (12): 2063-2072.

任天志, 2000. 持续农业中的土壤生物指标研究[J]. 中国农业科学, 33 (1): 71-78.

任伊滨, 任南琪, 李志强, 2013. 冻融对中国高纬度地区湿地水环境及土壤养分的影响[J]. 哈尔滨工程大学学报, 34 (2): 269-274.

单鱼洋, 2012. 干旱区膜下滴灌水盐运移规律模拟及预测研究[D]. 咸阳: 中国科学院研究生院 (教育部水土保持与生态环境研究中心).

库润祥, 符小文, 张永杰, 等, 2019. 复播大豆农田不同耕作方式对土壤物理性质、硝态氮及产量的影响[J]. 华北农学报, 34 (6): 145-152.

沈吉成, 赵彩霞, 刘瑞娟, 等, 2022. 耕作措施对旱农区农田土壤质量与碳排放的影响[J]. 中国土壤与肥料 (1): 122-130.

史奕, 陈欣, 沈善敏, 2002. 有机胶结形成土壤团聚体的机理及理论模型[J]. 应用生态学报, 13 (11): 1495-1498.

舒晓晓, 王璐瑶, 王欢元, 2019. 施肥与耕作措施对土壤养分和小麦产量的影响[J]. 西部大开发 (土地开发工程研究), 4 (11): 38-43.

宋计平, 王克安, 孙凯宁, 等, 2016. 膜下滴灌对春拱棚茄子经济效益及土壤质量的影响[J]. 山东农业科学, 48 (3): 86-90.

宋文宇, 2016. 冻土冻融过程水热迁移特性的数值模拟及实验研究[D]. 哈尔滨: 哈尔滨工业大学.

宋阳, 于晓菲, 邹元春, 等, 2016. 冻融作用对土壤碳、氮、磷循环的影响[J]. 土壤与作物, 5 (2): 78-90.

孙宝龙, 陶蕊, 王永军, 等, 2020. 长期少免耕对中国东北玉米农田土壤呼吸及碳氮变化的影响[J]. 玉米科学, 28 (6): 107-115.

孙宝洋, 李占斌, 肖俊波, 等, 2019. 冻融作用对土壤理化性质及风水蚀影响研究进展[J]. 应用生态学报, 30 (1): 337-347.

孙辉, 秦纪洪, 吴杨, 2008. 土壤冻融交替生态效应研究进展[J]. 土壤, 40 (4): 505-509.

孙嘉鸿，郭彤，董彦民，等，2022. 冻融循环对金川泥炭沼泽土壤微生物量及群落结构的影响[J]. 生态学报，42（7）：2763-2773.

孙开，王春霞，蓝明菊，等，2021a. 秋耕对北疆季节性冻融期土壤热状况的影响[J]. 水土保持学报，35（5）：63-71.

孙开，王春霞，吴晨涛，等，2021b. 秋耕对季节性冻融土壤水热盐运移规律的影响[J]. 节水灌溉（7）：46-50，59.

孙林，罗毅，2013. 长期滴灌棉田土壤盐分演变趋势预测研究[J]. 水土保持研究，20（1）：186-192.

谭波，吴福忠，杨万勤，等，2011. 冻融末期川西亚高山/高山森林土壤水解酶活性特征[J]. 应用生态学报，22（5）：1162-1168.

谭明东，王振华，王越，等，2022. 长期滴灌棉田非灌溉季节土壤盐分累积特征[J]. 干旱区研究，39（2）：485-492.

唐文政，2018. 积雪—地表覆盖对石河子灌区土壤水热盐变化机制影响的试验研究[D]. 石河子：石河子大学.

唐文政，王春霞，范文波，等，2017. 积雪与地表联合覆盖条件下冻融土壤水盐运移规律[J]. 水土保持学报，31（3）：337-343.

田长彦，买文选，赵振勇，2016. 新疆干旱区盐碱地生态治理关键技术研究[J]. 生态学报，36（22）：7064-7068.

田洪艳，李质馨，侯瑜，等，2004. 春耕与秋耕对草原土壤理化性质影响的研究[J]. 干旱地区农业研究，22（2）：142-145.

田育天，李湘伟，谢新乔，等，2019. 秸秆还田对云南典型烟区土壤物理性状的影响[J]. 土壤，51（5）：964-969.

万素梅，吴先民，刘晓红，等，2012. 长期连作对南疆棉田土壤物理性质影响的研究[J]. 中国农学通报，28（12）：48-53.

万素梅，王立祥，2006. 发挥区域资源优势促进新疆棉花可持续发展[J]. 塔里木大学学报，1（18）：98-101.

王恩姮，卢倩倩，陈祥伟，2014. 模拟冻融循环对黑土剖面大孔隙特征的影响[J]. 土壤学报，51（3）：490-496.

王风，韩晓增，李良皓，等，2009. 冻融过程对黑土水稳定性团聚体含量的影响[J]. 冰川冻土，31（5）：915-919.

王伏伟，王晓波，李金才，等，2015. 施肥及秸秆还田对砂姜黑土细菌群落的影响[J]. 中国生态农业学报，23（10）：1302-1311.

王改兰，段建南，贾宁凤，等，2006. 长期施肥对黄土丘陵区土壤理化性质的影响[J]. 水土保持学报（4）：82-85，89.

王海景，康晓东，2009. 秸秆还田对土壤有机质含量的影响[J]. 山西农业科学，37（10）：42-45，63.

王海娟，马红娜，姜海波，2018. 秸秆覆盖对塔里木盆地南缘绿洲农田土壤水盐运移的影响[J]. 江苏农业科学，46（17）：281-285.

王会，何伟，段福建，等，2019. 秸秆还田对盐渍土团聚体稳定性及碳氮含量的影响[J]. 农业工程学报，35（4）：124-131.

王蕙，赵文智，2009. 绿洲化过程中绿洲土壤物理性质变化研究[J]. 中国沙漠，29（6）：1109-1115.

王佳丽，黄贤金，钟太洋，等，2011. 盐碱地可持续利用研究综述[J]. 地理学报，66（5）：673-684.

王建东，龚时宏，鲍子云，等，2013. 灌水模式对免耕地土壤容重变化的影响[J]. 中国水利水电科学研究院学报，11（2）：130-136.

王金才，尹莉，2011. 盐碱地改良技术措施[J]. 现代农业科技（12）：282，284.

王科，柳小兰，高晓宇，等，2018. 碳酸盐岩地区开垦年限对农田土壤理化性质的影响[J]. 江苏农业科学，46（9）：277-280.

王清奎，汪思龙，2005. 土壤团聚体形成与稳定机制及影响因素[J]. 土壤通报（3）：415-421.

王秋菊，刘峰，焦峰，等，2019. 秸秆粉碎集条深埋机械还田对土壤物理性质的影响[J]. 农业工程学报，35（17）：43-49.

王全九，单鱼洋，2015. 微咸水灌溉与土壤水盐调控研究进展[J]. 农业机械学报，46（12）：117-126.

王全九，王文焰，吕殿青，等，2000. 膜下滴灌盐碱地水盐运移特征研究[J]. 农业工程学报，16（4）：54-57.

王涛，2009. 干旱区绿洲化、荒漠化研究的进展与趋势[J]. 中国沙漠，29（1）：1-9.

王亚麒，2021. 长期种植施肥模式对烟地生产力和养分状况的影响[D]. 重庆：西南大学.

王洋，刘景双，王全英，2013. 冻融作用对土壤团聚体及有机碳组分的影响[J]. 生态环境学报，22（7）：1269-1274.

王奕然，2020. 秸秆生物质炭对土壤酶活性和农田温室气体排放的影响[D]. 淮北：淮北师范大学.

王振华，2014. 典型绿洲区长期膜下滴灌棉田土壤盐分运移规律与灌溉调控研究[D]. 北京：中国农业大学.

王振华，陈学庚，郑旭荣，等，2020. 关于我国大田滴灌未来发展的思考[J]. 干旱地区农业研究，38（4）：1-9，38.

王振华，杨培岭，郑旭荣，等，2014. 膜下滴灌系统不同应用年限棉田根区盐分变化及适耕性[J]. 农业工程学报，30（4）：90-99.

王志成，蒋军新，方功焕，等，2019. 水资源约束下的阿克苏河流域适宜绿洲规模分析[J]. 冰川冻土，41（4）：986-992.

王忠波，董海丽，郑文生，2022. 秸秆还田与水氮调控对土壤养分的影响[J]. 东北农业大学学报，53（2）：20-26，90.

魏朝富，高明，谢德体，等，1995. 有机肥对紫色水稻土水稳性团聚体的影响[J]. 土壤通报，26（3）：114-116.

魏丽红，2004. 冻融交替对黑土土壤有机质及氮钾养分的影响[D]. 长春：吉林农业大学.

魏丽红，2009. 冻融作用对土壤理化及生物学性质的影响综述[J]. 安徽农业科学，37（11）：5054-5057.

温美娟，杨思存，王成宝，等，2020. 深松和秸秆还田对灌耕灰钙土团聚体特征的影响[J]. 干旱地区农业研究，38（2）：78-85.

温美丽，刘宝元，魏欣，等，2009. 冻融作用对东北黑土容重的影响[J]. 土壤通报，40（3）：492-495.

吴克宁，赵瑞，2019. 土壤质地分类及其在我国应用探讨[J]. 土壤学报，56（1）：227-241.

吴雨晴，2021. 咸水灌溉对农田土壤环境及夏玉米产量的影响[D]. 泰安：山东农业大学.

肖东辉，冯文杰，张泽，2014. 冻融循环作用下黄土孔隙率变化规律[J]. 冰川冻土，36（4）：147-152.

谢青琰，高永恒，2015. 冻融对青藏高原高寒草甸土壤碳氮磷有效性的影响[J]. 水土保持学报，29（1）：137-142.

解红娥，李永山，杨淑巧，等，2007. 农田残膜对土壤环境及作物生长发育的影响研究[J]. 农业环境科学学报（S1）：153-156.

徐桂红，陈秀梅，毛伟，等，2021. 秸秆连续全量还田对土壤性状及水稻产量的影响[J]. 现代农业科技（23）：1-3，7.

徐萌，张玉龙，黄毅，等，2012. 还田对半干旱区农田土壤养分含量及玉米光合作用的影响[J]. 干旱地区农业研究，30（4）：153-156.

徐俏，崔东，王兴磊，等，2017. 冻融对伊犁草地土壤水稳性大团聚体的影响[J]. 干旱地区农业研究，35（6）：244-251.

徐欣，王笑影，鲍雪莲，等，2022. 长期免耕不同秸秆覆盖量对玉米产量及其稳定性的影响[J]. 应用生态学报，33（3）：671-676.

徐学祖，王家澄，张立新，2001. 冻土物理学[M]. 北京：科学出版社.

徐英德，孙良杰，汪景宽，等，2017. 还田秸秆氮素转化及其对土壤氮素转化的影响[J]. 江西农业大学学报，39（5）：859-870.

闫雷，李思莹，孟庆峰，等，2019. 秸秆还田与有机肥对黑土区土壤团聚性的影响[J]. 东北农业大学学报，50（12）：58-67.

严洁，邓良基，黄剑，2005. 保护性耕作对土壤理化性质和作物产量的影响[J]. 中国农机化（2）：31-34.

颜安，李周晶，武红旗，等，2017. 不同耕作年限对耕地土壤质地和有机碳垂直分布的影响[J]. 水土保持学报，31（1）：291-295.

杨成松，何平，程国栋，等，2003. 冻融作用对土体干容重和含水量影响的试验研究[J]. 岩石力学与工程学报（S2）：2695-2699.

杨佳宇，谷思玉，李宇航，等，2021. 深翻-旋耕轮耕与有机肥配施对黑土农田土壤物理性质的影响[J]. 土壤通报，52（6）：1290-1298.

杨军，杨晓东，吕光辉，等，2020. 荒漠森林开垦成农田前后土壤呼吸速率的变化及其影响因素[J]. 水土保持通报，40（2）：24-30.

杨良觎，2019. 长期连作茭白和秸秆全量还田对农田土壤质量的影响[D]. 杭州：浙江大学.

杨柳青，1993. 新疆盐碱土资源与综合治理[J]. 土壤通报，S1：15-17，22.

杨思忠，金会军，2008. 冻融作用对冻土区微生物生理和生态的影响[J]. 生态学报，28（10）：5065-5074.

杨维鸽，2016. 典型黑土区土壤侵蚀对土壤质量和玉米产量的影响研究[D]. 咸阳：中国科学院研究生院（教育部水土保持与生态环境研究中心）.

杨晓庭，2021. 农田土壤中残膜的分布与降解特征及对土壤理化性质影响[D]. 长春：吉林农业大学.

杨永辉，武继承，张洁梅，等，2017. 耕作方式对土壤水分入渗、有机碳含量及土壤结构的影响[J]. 中国生态农业学报，25（2）：258-266.

姚珂涵，肖列，李鹏，等，2020. 冻融循环次数和土壤含水率对油松林土壤团聚体及有效态微量元素的影响[J]. 水土保持学报，34（3）：259-266.

由国栋，虎胆·吐马尔白，邵丽盼·卡尔江，等，2017. 膜下滴灌棉田冻融期土壤水分盐分变化特征[J]. 干旱地区农业研究，35（4）：124-128.

袁德玲，张玉龙，唐首锋，等，2009. 不同灌溉方式对保护地土壤水稳性团聚体的影响[J]. 水土保持学报，23（3）：125-128.

袁兆华，吕宪国，周嘉，2006. 三江平原旱田耕作对湿地土壤理化性质的累积影响初探[J]. 湿地科学，4（2）：133-137.

宰松梅，仵峰，范永申，等，2011. 不同滴灌形式对棉田土壤理化性状的影响[J]. 农业工程学报，27（12）：84-89.

张殿发，郑琦宏，2005. 冻融条件下土壤中水盐运移规律模拟研究[J]. 地理科学进展（4）：46-55.

张金波，宋长春，2004. 三江平原不同土地利用方式对土壤理化性质的影响[J]. 土壤通报，35（3）：371-373.

张明伟，杨恒山，邰继承，等，2022. 秸秆还田与浅埋滴灌对玉米耕层土壤水稳性团聚体及其碳含量的影响[J]. 农业环境科学学报，41（5）：999-1008.

张奇，陈粲，陈效民，等，2020. 不同秸秆还田深度对黄棕壤土壤物理性质及其剖面变化的影响[J]. 土壤通报，51（2）：308-314.

张少民，白灯莎，刘盛林，等，2018. 覆膜滴灌条件下土地开垦年限对土壤盐分、养分和硝态氮分布特征的影响[J]. 新疆农业科学，55（11）：2060-2068.

张涛，刘阳，袁航，等，2012. 开垦种草对高寒草甸土壤理化性质的影响[J]. 草业科学，29（11）：1655-1659.

张伟，吕新，李鲁华，等，2008. 新疆棉田膜下滴灌盐分运移规律[J]. 农业工程学报（8）：15-19.

张伟，向本春，吕新，等，2009. 莫索湾垦区不同滴灌年限及不同水质灌溉棉田盐分运移规律研究[J]. 水土保持学报，23（6）：215-219.

张西超，邹洪涛，张玉龙，等，2015. 灌溉方法对设施土壤理化性质及番茄生长状况的影响[J]. 水土保持学报，29（6）：143-147，153.

张向前，杨文飞，徐云姬，2019. 中国主要耕作方式对旱地土壤结构及养分和微生态环境影响的研究综述[J]. 生态环境学报, 28 (12): 2464-2472.

张雪梅, 吕光辉, 杨晓东, 等, 2011. 农田耕种对土壤酶活性及土壤理化性质的影响[J]. 干旱区资源与环境, 25 (12): 177-182.

张音, 海米旦·贺力力, 古力米热·哈那提, 等, 2020. 天山北坡积雪消融对不同冻融阶段土壤温湿度的影响[J]. 生态学报, 40 (5): 1602-1609.

张志勇, 于旭昊, 熊淑萍, 等, 2020. 耕作方式与氮肥减施对黄褐土麦田土壤酶活性及温室气体排放的影响[J]. 农业环境科学学报, 39 (2): 418-428.

章明奎, 何振立, 陈国潮, 等, 1997. 利用方式对红壤水稳定性团聚体形成的影响[J]. 土壤学报, 34 (4): 359-366.

赵江红, 2010. 农牧交错带天然草地开垦后不同开垦年限对土壤特性、CH_4 吸收和 N_2O 排放的影响研究[D]. 呼和浩特: 内蒙古师范大学.

赵娇, 2020. 基于菌群改善促进盐碱地耐受性植物生长的研究[D]. 济南: 山东大学.

赵其国, 周生路, 吴绍华, 等, 2006. 中国耕地资源变化及其可持续利用与保护对策[J]. 土壤学报, 43 (4): 662-672.

赵强, 吴从林, 王康, 等, 2019. 季节性冻融区农业土壤矿质氮有效性变化规律原位试验[J]. 农业工程学报, 35 (17): 140-146.

赵士诚, 曹彩云, 李科江, 等, 2014. 长期秸秆还田对华北潮土肥力、氮库组分及作物产量的影响[J]. 植物营养与肥料学报, 20 (6): 1441-1449.

赵素荣, 张书荣, 徐霞, 等, 1998. 农膜残留污染研究[J]. 农业环境与发展 (3): 8-11, 49.

赵祥, 刘红玲, 杨盼, 等, 2019. 滴灌对苜蓿根际土壤细菌多样性和群落结构的影响[J]. 微生物学通报, 46 (10): 2579-2590.

郑亚楠, 2021. 不同改良措施对沙质土壤理化性质的影响[D]. 阿拉尔: 塔里木大学.

郑重, 赖先齐, 邓湘娣, 等, 2000. 试论新疆棉区的秸秆还田技术[J]. 耕作与栽培 (2): 51-52.

中华人民共和国水利部, 2020. 中国水资源公报 2019[M]. 北京: 中国水利水电出版社.

钟鑫, 2021. 开垦方式对黑土农田耕地质量的影响[D]. 南京: 南京信息工程大学.

周宏飞, 马金玲, 2005. 塔里木灌区棉田的水盐动态和水盐平衡问题探讨[J]. 灌溉排水学报, 24 (6): 10-14.

周晓庆, 2011. 季节性冻融对川西亚高山/高山森林凋落物分解过程中微生物活性的影响[D]. 雅安: 四川农业大学.

周永学, 李美琪, 黄志杰, 等, 2021. 长期咸水滴灌对灰漠土理化性质及棉花生长的影响[J]. 干旱地区农业研究, 39 (4): 12-20.

朱秉启, 于静洁, 秦晓光, 等, 2013. 新疆地区沙漠形成与演化的古环境证据[J]. 地理学报, 68 (5): 661-679.

朱丽霞, 章家恩, 刘文高, 2003. 根系分泌物与根际微生物相互作用研究综述[J]. 生态环境, 12 (1): 102-105.

朱玉伟, 2018. 保护性耕作对黑土磷转化及磷有效性的影响[D]. 哈尔滨: 东北农业大学.

邹杰, 2021. 冻融对长期膜下滴灌棉田土壤结构与水盐分布的影响研究[D]. 石河子: 石河子大学.

邹文秀, 韩晓增, 严君, 等, 2020. 耕翻和秸秆还田深度对东北黑土物理性质的影响[J]. 农业工程学报, 36 (15): 9-18.

ADELI A, MCLAUGHLIN M R, BROOKS J P, et al., 2013. Age chrono sequence effects on restoration quality of reclaimed coal mine soils in Mississippi agroecosystems[J]. Soil Science, 178(7): 335-343.

AFSHAR R K, CABOT P, IPPOLITO J A, 2022. Furrow-irrigated corn residue management and tillage strategies for improved soil health[J]. Soil and Tillage Research, 216: 1052308.

AFSHAR R K, MOHAMMED Y, CHEN C, 2016. Enhanced efficiency nitrogen fertilizer effect on camelina production under conventional and conservation tillage practices[J]. Industrial Crops and Products, 94: 783-789.

AHIRWAL J, MAITI S K, SINGH A K, 2017. Changes in ecosystem carbon pool and soil CO_2 flux following post-mine reclamation in dry tropical environment, India[J]. Science of the Total Environment, 583: 153-162.

AIKINS S H M, AFUAKWA J J, 2012. Effect of four different tillage practices on soil physical properties under cowpea[J]. Agriculture and Biology Journal of North America, 3(1): 17-24.

AIMRUN W, AMIN M S M, ELTAIB S M, 2004. Effective Porosity of paddy soils as an estimation of its saturated hydraulic conductivity[J]. Geoderma, 121(3-4): 197-203.

AMINI S, GHADIRI H, CHEN C, et al., 2016. Salt-affected soils, reclamation, carbon dynamics, and biochar: a review[J]. Journal of Soils and Sediments, 16(3): 939-953.

BAKR N, WEINDORF D C, BAHNASSY M H, et al., 2012. Multi-temporal assessment of land sensitivity to desertification in a fragile agro-ecosystem: environmental indicators[J]. Ecological Indicators, 15(1): 271-280.

BALAMI S, VASUTOVA M, GODBOLD D, et al., 2020. Soil fungal communities across land use types[J]. Iforest, 13: 548-558.

BING H, HE P, ZHANG Y, 2015. Cyclic Freeze-thaw as a mechanism for water and salt migration in soil[J]. Environmental Earth Sciences, 74(1): 675-681.

BOERNER R E J, BRINKMAN J A, SMITH A, 2005. Seasonal variations in enzyme activity and organic carbon in soil of a burned and unburned hardwood forest[J]. Soil Biology and Biochemistry, 37(8): 1419-1426.

BOGUNOVIC I, KISIC I, 2017. Compaction of a clay loam soil in Pannonian region of Croatia under different tillage systems[J]. Journal of Agricultural Science and Technology, 19: 475-486.

BOURCERET A, CÉBRON A, TISSERANT E, et al., 2016. The bacterial and fungal diversity of an aged PAH-and heavy metal-contaminated soil is affected by plant cover and edaphic parameters[J]. Microbial Ecology, 71(3): 711-724.

BRADY N, WEIL R, 2002. The nature and properties of soils[J]. Journal of Range Management, 5: 333.

BRONICK C J, LAL R, 2005. Soil structure and management: a review[J]. Geoderma, 124(1-2): 3-22.

CALLAHAN B J, MCMURDIE P J, ROSEN M J, et al., 2016. Dada2: high-resolution sample inference from illumina amplicon data[J]. Nature Methods, 13(7): 581-583.

CELIK I, ORTAS I, KILIC S, 2004. Effects of compost, mycorrhiza, manure and fertilizer on some physical properties of a Chromoxerert soil[J]. Soil and Tillage Research, 78(1): 59-67.

CERDÀ A, DALIAKOPOULOS I N, TEROL E, et al., 2021. Long-term monitoring of soil bulk density and erosion rates in two Prunus persica (L) plantations under flood irrigation and glyphosate herbicide treatment in La Ribera district, Spain[J]. Journal of Environmental Management, 282: 111965.

CHEN S, QI G, LUO T, et al., 2018. Continuous-cropping tobacco caused variance of chemical properties and structure of bacterial network in soils[J]. Land Degradation & Development, 29(11): 4106-4120.

CHEN Y, WEI T, SHA G, et al., 2022. Soil enzyme activities of typical plant communities after vegetation restoration on the Loess Plateau, China[J]. Applied Soil Ecology, 170: 104292.

CHEN Z, WANG H, LIU X, et al., 2017. Changes in soil microbial community and organic carbon fractions under short-term straw return in a rice-wheat cropping system[J]. Soil and Tillage Research, 165: 121-127.

CHENG Z B, CHEN Y, ZHANG, F H, 2021. Impact of abandoned salinized farm land and reclamation on distribution of inorganic phosphorus in soil aggregates in Northwest China[J]. Journal of Soil Science and Plant Nutrition, 22(1):706-718.

CHENU C, LE BISSONNAIS Y, ARROUAYS D, 2000. Organic matter influence on clay wettability and soil aggregate stability[J]. Soil Science Society of America Journal, 64(4): 1479-1486.

CONNOLLY R D, CARROLL C, FREEBAIRN D M, 1999. A simulation study of erosion in the emerald irrigation area[J]. Australian Journal of Soil Research, 37(3): 479-494.

DA SILVEIRA P M, STONE L F, Alves Junior J, et al., 2008. Effects of soil tillage and crop rotation systems on bulk density and soil porosity of a dystrophic red latosol[J]. Bioscience Journal, 24(3): 53.

DAGESSE D F, 2010. Freezing-induced bulk soil volume changes[J]. Canadian Journal of Soil Science, 9(3):389-401.

DANG Z, LIU C, HAIGH M J, 2002. Mobility of heavy metals associated with the natural weathering of coal mine spoils[J]. Environmental Pollution, 118: 419-426.

DELUCA T H, KEENEY D R, MCCARTY G W, 1992. Effect of freeze-thaw events on mineralization of soil nitrogen[J]. Biology & Fertility of Soils, 14(2): 116-120.

DENG X P, SHAN L, ZHANG H, et al., 2006. Improving agricultural water use efficiency in arid and semiarid areas of China[J]. Agricultural Water Management, 80(1): 23-40.

DING Z L, KHEIR A M S, Ali O A M, et al., 2021. A vermicompost and deep tillage system to improve saline-sodic soil quality and wheat productivity[J]. Journal of Environmental Management(277): 111388.

DIXIT A K, AGRAWAL R K, DAS S K, et al., 2019. Soil properties, crop productivity and energetics under different tillage practices in fodder sorghum plus cowpea-wheat cropping system[J]. Archives of Agronomy and Soil Science, 65: 492-506.

DÍAZ F J, SANCHEZ-HERNANDEZ J C, NOTARIO J S, 2021. Effects of irrigation management on arid soils enzyme activities[J]. Journal of Arid Environments, 185: 104330.

DONG W Y, ZHANG X Y, DAI X Q, et al., 2014. Changes in soil microbial community composition in response to fertilization of paddy soils in subtropical China[J]. Applied Soil Ecology, 84: 140-147.

DU H, SONG D, CHEN Z, et al., 2020. Prediction model oriented for landslide displacement with step-like curve by applying ensemble empirical mode decomposition and the PSO-ELM method[J]. Journal of Cleaner Production, 270: 122248.

EDWARDS A C, CRESSER M S, 1992. Freezing and its effect on chemical and biological properties of soil[M]//STEWART B A. Advances in Soil Science. New York, NY: Springer: 59-79.

EDWARDS K A, MCCULLOCH J, KERSHAW G P, et al., 2006. Soil microbial and nutrient dynamics in a wet Arctic sedge meadow in late winter and early spring[J]. Soil Biology and Biochemistry, 38(9): 2843-2851.

EDWARDS L M, 2010. The effect of alternate freezing and thawing on aggregate stability and aggregate size distribution of some Prince Edward Island soils[J]. European Journal of Soil Science, 42(2):193-204.

ESTEVAM R F H, PEIXOTO D S, DE MELO FILHO J F, et al., 2021. Soil properties sensitive to degradation caused by increasing intensity of conventional tillage[J]. Soil Research, 59(8): 819-836.

FENG H, WANG S, GAO Z, et al., 2019. Effect of land use on the composition of bacterial and fungal communities in saline-sodic soils[J]. Land Degradation & Development, 30(15): 1851-1860.

FENG X, NIELSEN L L, SIMPSON M J, 2007. Responses of soil organic matter and microorganisms to freeze-thaw cycles[J]. Soil Biology and Biochemistry, 39(8): 2027-2037.

FERNANDES M M H, COELHO A P, DA SILVA M F, et al., 2022. Do fallow in the off-season and crop succession promote differences in soil aggregation in no-tillage systems?[J]. Geoderma, 412: 115725.

FIERER N, BRADFORD M A, JACKSON R B, 2007. Toward an ecological classification of soil bacteria[J]. Ecology, 88(6): 1354-1364.

FINEGOLD L, 1996. Molecular and biophysical aspects of adaptation of life to temperatures below the freezing point[J]. Advances in Space Research, 18(12): 87-95.

FINKENBEIN P, KRETSCHMER K, KUKA K, et al., 2013. Soil enzyme activities as bioindicators for substrate quality in revegetation of a subtropical coal mining dump[J]. Soil Biology & Biochemistry, 56: 87-89.

FREPPAZ M, WILLIAMS B L, EDWARDS A C, et al., 2007. Simulating soil freeze/thaw cycles typical of winter alpine conditions: implications for N and P availability[J]. Applied Soil Ecology, 35(1):247-255.

FRÖHLICH-NOWOISKY J, HILL T C J, PUMMER B G, et al., 2015. Ice nucleation activity in the widespread soil fungus mortierella alpina[J]. Biogeosciences, 12(4): 1057-1071.

FU Q, HOU R J, LI T X, et al., 2016. Soil moisture-heat transfer and its action mechanism of freezing and thawing soil[J]. Nongye Jixie Xuebao/Transactions of the Chinese Society of Agricultural Machinery, 47(12): 99-110.

GAO D, BAI E, YANG Y, et al., 2021. A global meta-analysis on freeze-thaw effects on soil carbon and phosphorus cycling[J]. Soil Biology and Biochemistry, 159: 108283.

GAO M, LI Y X, ZHANG X L, et al., 2016. Influence of freeze-thaw process on soil physical, chemical and biological properties: a review[J]. Journal of Agro-Environment Science, 35: 2269-2274.

GARCIA-RUIZ R, OCHOA V, HINOJOSA M B, et al., 2008. Suitability of enzyme activities for the monitoring of soil quality improvement in organic agricultural systems[J]. Soil Biology & Biochemistry, 40(90): 2137-2145.

GONG L, RAN Q, HE G, et al., 2015. A soil quality assessment under different land use types in Keriya River Basin, Southern Xinjiang, China[J]. Soil and Tillage Research, 146: 223-229.

GROGAN P, MICHELSEN A, AMBUS P, et al., 2004. Freeze-thaw regime effects on carbon and nitrogen dynamics in sub-arctic heath tundra mesocosms[J]. Soil Biology and Biochemistry, 36(4): 641-654.

GRZĄDZIEL J, GAŁĄZKA A, 2019. Fungal biodiversity of the most common types of polish soil in a long-term microplot experiment[J]. Frontiers in Microbiology, 10: 6.

GU X, CAI H, DU Y, et al., 2019. Effects of film mulching and nitrogen fertilization on rhizosphere soil environment, root growth and nutrient uptake of winter oilseed rape in Northwest China[J]. Soil and Tillage Research, 187: 194-203.

GUAN D, ZHANG Y, AL-KAISI M M, et al., 2015. Tillage practices effect on root distribution and water use efficiency of winter wheat under rain-fed condition in the North China Plain[J]. Soil and Tillage Research, 146: 286-295.

GUO H N, HUANG Z J, LI M Q, et al., 2020. Response of soil fungal community structure and diversity to saline water irrigation in alluvial grey desert soils[J]. Applied Ecology and Environmental Research, 18(4): 4969-4985.

HAGHIGHI F, GORJI M, SHORAFA M, 2010. A study of the effects of land use changes on soil physical properties and organic matter[J]. Land Degradation & Development, 21(5): 496-502.

HAN S, ZENG L, LUO X, et al., 2018. Shifts in nitrobacter-and nitrospira-like nitrite-oxidizing bacterial communities under long-term fertilization practices[J]. Soil Biology and Biochemistry, 124: 118-125.

HAO M, HU H, LIU Z, et al., 2019. Shifts in microbial community and carbon sequestration in farmland soil under long-term conservation tillage and straw returning[J]. Applied Soil Ecology, 136: 43-54.

HE H, WANG Z, GUO L, et al., 2018. Distribution characteristics of residual film over a cotton field under long-term film mulching and drip irrigation in an oasis agroecosystem[J]. Soil and Tillage Research, 180: 194-203.

HE L Y, LU S X, WANG C G, et al., 2021. Changes in soil organic carbon fractions and enzyme activities in response to tillage practices in the Loess Plateau of China[J]. Soil & Tillage Research, 209: 104940.

HENRY C G, SARZI SARTORI G M, GASPAR J P, et al., 2018. Deep tillage and gypsum amendments on fully, deficit irrigated, and dryland soybean[J]. Agronomy Journal, 110(2): 737-748.

HENRY H A L, 2007. Soil freeze-thaw cycle experiments: trends, methodological weaknesses and suggested improvements[J]. Soil Biology and Biochemistry, 39(5): 977-986.

HENRY H A L, 2008. Climate change and soil freezing dynamics: historical trends and projected changes[J]. Climatic Change, 87(3): 421-434.

HERRMANN A, WITTER E, 2002. Sources of C and N contributing to the flush in mineralization upon freeze-thaw cycles in soils[J]. Soil Biology & Biochemistry, 34(10):1495-1505.

HOK L, DE MORAES SÁ J C, BOULAKIA S, et al., 2021. Dynamics of soil aggregate-associated organic carbon based on diversity and high biomass-C input under conservation agriculture in a savanna ecosystem in Cambodia[J]. Catena, 198: 105065.

HONDEBRINK M A, CAMMERAAT L H, CERDÀ A, 2017. The impact of agricultural management on selected soil properties in citrus orchards in eastern Spain: a comparison between conventional and organic citrus orchards with drip and flood irrigation[J]. Science of the Total Environment, 581: 153-160.

HU H C, TIAN F Q, HU H P, 2011. Soil particle size distribution and its relationship with soil water and salt under mulched drip irrigation in Xinjiang of China[J]. Science China Technological Sciences, 54(6): 1568-1574.

HU N, SHI H, WANG B, et al., 2018. Effects of different wheat straw returning modes on soil organic carbon sequestration in a rice-wheat rotation[J]. Canadian Journal of Soil Science, 99(1): 25-35.

HU W, HUANG L, HE Y, et al., 2021. Soil bacterial and fungal communities and associated nutrient cycling in relation to rice cultivation history after reclamation of natural wetland[J]. Land Degradation & Development, 32(3): 1287-1300.

HUANG Y, TAO B, ZHU X C, et al., 2021. Conservation tillage increases corn and soybean water productivity across the Ohio River Basin[J]. Agricultural Water Management, 254: 106962.

INDORIA A K, SHARMA K L, REDDY K S, et al., 2016. Role of soil physical properties in soil health management and crop productivity in rainfed systems-II. management technologies and crop productivity[J]. Current Science, 110(3): 320-328.

IQBAL J, RONGGUI H, LIJUN D, et al., 2008. Differences in soil CO_2 flux between different land use types in mid-subtropical China[J]. Soil Biology and Biochemistry, 40(9): 2324-2333.

JACCARD P, 1908. Nouvelles recherches sur la distribution florale[J]. Bulletin de la Societe Vaudoise des Sciences Naturelles, 44: 223-270.

JI B Y, HU H, ZHAO Y L, et al., 2014. Effects of deep tillage and straw returning on soil microorganism and enzyme activities[J]. Scientific World Journal: 451493.

JIANG X, WRIGHT A L, WANG J, et al., 2011. Long-term tillage effects on the distribution patterns of microbial biomass and activities within soil Aggregates[J]. Catena, 87(2): 276-280.

JIANG Y, FAN H M, HOU Y Q, et al., 2019. Characterization of aggregate microstructure of black soil with different number of freeze-thaw cycles by synchrotron-based micro-computed tomography[J]. Acta Ecologica Sinica, 39: 4080-4087.

JIN Z, SHAH T, ZHANG L, et al., 2020. Effect of straw returning on soil organic carbon in rice-wheat rotation system: a review[J]. Food and Energy Security, 9(2): e200.

KALBITZ K, SOLINGER S, PARK J H, et al., 2000. Controls on the dynamics of dissolved organic matter in soils: a review[J]. Soil Science, 165(4): 277-304.

KAN Z R, LIU Q Y, HE C, et al., 2020. Responses of grain yield and water use efficiency of winter wheat to tillage in the North China Plain[J]. Field Crops Research, 249: 107760.

KANG Y, JING F, SUN W, et al., 2018. Soil microbial communities changed with a continuously monocropped processing tomato system[J]. Acta Agriculturae Scandinavica, Section B-Soil & Plant Science, 68(2): 149-160.

KING A E, REZANEZHAD F, WAGNER-RIDDLE C, et al., 2021. Evidence for microbial rather than aggregate origin of substrates fueling freeze-thaw induced N_2O emissions[J]. Soil Biology & Biochemistry, 160: 108352.

KOCYIGIT R, GENC M, 2017. Impact of drip and furrow irrigations on some soil enzyme activities during tomato growing season in a semiarid ecosystem[J]. Fresenius Environmental Bulletin, 26(1A): 1047-1051.

KOOPS H P, POMMERENING-ROSER A, 2001. Distribution and ecophysiology of the nitrifying bacteria emphasizing cultured species[J]. Fems Microbiology Ecology, 37(1): 1-9.

KOPONEN H T, JAAKKOLA T, KEINNEN-TOIVOLA M M, et al., 2006. Microbial communities, biomass, and activities in soils as affected by freeze thaw cycles[J]. Soil Biology and Biochemistry, 38(7): 1861-1871.

KOROLYUK T V, 2014. Specific features of the dynamics of salts in salt-affected soils subjected to long-term seasonal freezing in the South Transbaikal region[J]. Eurasian Soil Science, 47(5): 339-352.

KRAVCHENKO A N, WANG A N W, SMUCKER A J M, et al., 2011. Long-term differences in tillage and land use affect intra-aggregate pore heterogeneity[J]. Soil Science Society of America Journal, 75(5):1658-1666.

KUCEY R M N, 1983. Phosphate-solubilizing bacteria and fungi in various cultivated and virgin alberta soils[J]. Canadian Journal of Soil Science, 63(4): 671-678.

KUROLA J, SALKINOJA-SALONEN M, AARNIO T, et al., 2005. Activity, diversity and population size of ammonia-oxidising bacteria in oil-contaminated landfarming soil[J]. FEMS Microbiology Letters, 250: 33-38.

LAKHDAR A, RABHI M, GHNAYA T, et al., 2009. Effectiveness of compost use in salt-affected soil[J]. Journal of Hazardous Materials, 171(1-3): 29-37.

LAL R, SHUKLA M K, 2004. Principles of soil physics[M]. New York: CRC Press.

LAUBER C L, HAMADY M, KNIGHT R, et al., 2009. Pyrosequencing-based assessment of soil ph as a predictor of soil bacterial community structure at the continental scale[J]. Applied and Environmental Microbiology, 75(15): 5111-5120.

LI J G, YANG W H, LIU L L, et al., 2018. Effect of reclamation on soil organic carbon pools in coastal areas of Eastern China[J]. Frontiers of Earth Science, 12(2):339-348.

LI L, LIU H G, HE X L, et al., 2020a. Winter irrigation effects on soil moisture, temperature and salinity, and on cotton growth in salinized fields in Northern Xinjiang, China[J]. Sustainability, 12(18): 7573.

LI Q, CHEN Y, LIU M, et al., 2008. Effects of irrigation and straw mulching on microclimate characteristics and water use efficiency of winter wheat in north China[J]. Plant Production Science, 11(2): 161-170.

LI T C, SHAO M A, JIA Y H, 2016. Application of X-ray tomography to quantify macropore characteristics of loess soil under two perennial plants[J]. European Journal of Soil Science, 67(3): 266-275.

LI W, WANG Z, ZHANG J, et al., 2022. Soil salinity variations and cotton growth under long-term mulched drip irrigation in saline-alkali land of arid oasis[J]. Irrigation Science, 40(1): 103-113.

LI W, ZHANG Y, MAO W, et al., 2020b. Functional potential differences between firmicutes and proteobacteria in response to manure amendment in a reclaimed soil[J]. Canadian Journal of Microbiology, 66(12): 689-697.

LI Z, TIAN C, ZHANG R, et al., 2015. Plastic mulching with drip irrigation increases soil carbon stocks of natrargid soils in arid areas of Northwestern China[J]. Catena, 133: 179-185.

LIU C, LU M, CUI J, et al., 2014. Effects of straw carbon input on carbon dynamics in agricultural soils: a meta-analysis[J]. Global Change Biology, 20(5): 1366-1381.

LIU C, XU J M, DING N F, et al., 2013. The effect of long-term reclamation on enzyme activities and microbial community structure of saline soil at Shangyu, China[J]. Environmental Earth Sciences, 69(1): 151-159.

LIU J, LI S, YUE S, et al., 2021a. Soil microbial community and network changes after long-term use of plastic mulch and nitrogen fertilization on semiarid farmland[J]. Geoderma, 396: 115086.

LIU J, YANG P, YANG Z J, 2021b. Water and salt migration mechanisms of saturated chloride clay during freeze-thaw in an open system[J]. Cold Regions Science and Technology, 186(6): 103277.

LIU S, ZHANG Z B, LI D M, et al., 2019. Temporal dynamics and vertical distribution of newly-derived carbon from a C-3/C-4 conversion in an Ultisol after 30-yr fertilization[J]. Geoderma, 337: 1077-1085.

LIU X, BAI Z, ZHOU W, et al., 2017. Changes in soil properties in the soil profile after mining and reclamation in an opencast coal mine on the Loess Plateau, China[J]. Ecological Engineering, 98: 228-239.

LUCA M, 2015. Govern our soils[J]. Nature，528: 32-33.

MA L, MIN W, GUO H, et al., 2021. Response of soil organic c fractions and enzyme activity to integrating fertilization with cotton stalk or its biochar in a drip-irrigated cotton field[J]. Acta Agriculture Scandinavica, Section B-Soil & Plant Science, 71(2): 98-111.

MA Y, FU S, ZHANG X, et al., 2017. Intercropping improves soil nutrient availability, soil enzyme activity and tea quantity and quality[J]. Applied Soil Ecology, 119: 171-178.

MADEJÓN E, MURILLO J M, MORENO F, et al., 2009. Effect of long-term conservation tillage on soil biochemical properties in Mediterranean Spanish areas[J]. Soil and Tillage Research, 105(1): 55-62.

MALECKA I, BLECHARCZYK A, SAWINSKA Z, et al., 2012. The effect of various long-term tillage systems on soil properties and spring barley yield[J]. Turkish Journal of Agriculture and Forestry, 36(2): 217-226.

MANUKYAN R R, 2018. Development direction of the soil-formation processes for reclaimed soda solonetz-solonchak soils of the Ararat valley during their cultivation[J]. Annals of Agrarian Science, 16(1): 69-74.

MARTINS R N, PORTES M F, E MORAES H M F, et al., 2021. Influence of tillage systems on soil physical properties, spectral response and yield of the bean crop[J]. Remote Sensing Applications: Society and Environment, 22: 100517.

MATHEW R P, FENG Y C, GITHINJI L, et al., 2012. Impact of no-tillage and conventional tillage systems on soil microbial communities[J]. Applied and Environmental Soil Science: 548-620.

MELLANDER P E, LAUDON H, BISHOP K, 2005. Modelling variability of snow depths and soil temperatures in scots pine stands[J]. Agricultural and Forest Meteorology, 133(1-4): 109-118.

MOHAMED I, BASSOUNY M A, ABBAS M H H, et al., 2021. Rice straw application with different water regimes stimulate enzymes activity and improve aggregates and their organic carbon contents in a paddy soil[J]. Chemosphere, 274: 129971.

MOHANTY S K, SAIERS J E, RYAN J N, 2014. Colloid-facilitated mobilization of metals by freeze-thaw cycles[J]. Environmental Science & Technology, 48(2): 977-984.

MONDAL S, CHAKRABORTY D, BANDYOPADHYAY K, et al., 2020. A global analysis of the impact of zero-tillage on soil physical condition, organic carbon content, and plant root response[J]. Land Degradation & Development, 31(5): 557-567.

MOORE A, REDDY K R, 1994. Role of Eh and pH on phosphorus geochemistry in sediments of lake Okeechobee, Florida[J]. Journal of Environmental Quality, 23(5): 955-964.

MURTAZA G, AHMED Z, DITTA A, 2021. Biochar induced modifications in soil properties and its impacts on crop growth and production[J]. Journal of Plant Nutrition, 44(11): 1677-1691.

MUSTAFA A, FROUZ J, NAVEED M, et al., 2022. Stability of soil organic carbon under long-term fertilization: results from 13C NMR analysis and laboratory incubation[J]. Environmental Research, 205: 112476.

NAVARRO-NOYA YE, GÓMEZACATA S, MONTOYACIRIACO N, et al., 2013. Relative impacts of tillage, residue management and crop-rotation on soil bacterial communities in a semi-arid agroecosystem[J]. Soil Biology and Biochemistry, 65: 86-95.

NEMERGUT D R, CLEVELAND C C, WIEDER W R, et al., 2010. Plot-scale manipulations of organic matter inputs to soils correlate with shifts in microbial community composition in a lowland tropical rain forest[J]. Soil Biology and Biochemistry, 42(12): 2153-2160.

OSUNBITAN J A, OYEDELE D J, ADEKALU K O, 2005. Tillage effects on bulk density, hydraulic conductivity and strength of a loamy sand soil in Southwestern Nigeria[J]. Soil and Tillage Research, 82(1): 57-64.

OZTAS T, FAYETORBAY F, 2003. Effect of freezing and thawing processes on soil aggregate stability[J]. Catena, 52(1): 1-8.

PAN H, CHEN M, FENG H, et al., 2020. Organic and inorganic fertilizers respectively drive bacterial and fungal community compositions in a fluvo-aquic soil in Northern China[J]. Soil and Tillage Research, 198: 104540.

PELTOVUORI T, SOINNE H, 2010. Phosphorus solubility and sorption in frozen, air-dried and field-moist soil[J]. European Journal of Soil Science, 56(56): 821-826.

PERFECT E, LOON W, KAY B D, et al., 1990. Influence of ice segregation and solutes on soil structural stability[J]. Canadian Journal of Soil Science, 79(4): 571-581.

PIAZZA G, PELLEGRINO E, MOSCATELLI M C, et al., 2020. Long-term conservation tillage and nitrogen fertilization effects on soil aggregate distribution, nutrient stocks and enzymatic activities in bulk soil and occluded microaggregates[J]. Soil and Tillage Research, 196: 104482.

PRICE P B, SOWERS T, 2004. Temperature dependence of metabolic rates for microbial growth, maintenance, and survival [J]. Proceedings of the National Academy of Sciences, 101: 4631-4636.

QASWAR M, LI D, HUANG J, et al., 2022. Dynamics of organic carbon and nitrogen in deep soil profile and crop yields under long-term fertilization in wheat-maize cropping system[J]. Journal of Integrative Agriculture, 21(3): 826-839.

QI J Y, HAN S W, LIN B J, et al., 2021. Improved soil structural stability under no-tillage is related to increased soil carbon in rice paddies: evidence from literature review and field experiment[J]. Environmental Technology & Innovation, 26: 102248.

QI Y, CHEN T, PU J, et al., 2018. Response of Soil physical, chemical and microbial biomass properties to land use changes in fixed decertified land[J]. Catena, 160: 339-344.

RASOOL R, KUKAL S S, HIRA G S, 2007. Soil physical fertility and crop performance as affected by long term application of film and inorganic fertilizers in rice-wheat system[J]. Soil and Tillage Research, 96(1-2): 64-72.

REN W J, LIU D Y, WU J X, et al., 2009. Effects of returning straw to soil and different tillage methods on paddy field soil fertility and microbial population[J]. Chinese Journal of Applied Ecology, 20(4): 817-822.

RODRIGO-COMINO J, PONSODA-CARRERES M, SALESA D, et al., 2020. Soil erosion processes in subtropical plantations (Diospyros kaki) managed under flood irrigation in Eastern Spain[J]. Singapore Journal of Tropical Geography, 41(1): 120-135.

ROSA E, DEBSKA B, 2018. Seasonal changes in the content of dissolved organic matter in arable soils[J]. Journal of Soils and Sediments, 18(8): 2703-2714.

ROSINGER C, CLAYTON J, BARON K, et al., 2022. Soil freezing-thawing induces immediate shifts in microbial and resource stoichiometry in Luvisol soils along a postmining agricultural chrono sequence in Western Germany[J]. Geoderma, 408: 115596.

ROUSK J, BÅÅTH E, BROOKES P C, et al., 2010. Soil bacterial and fungal communities across a pH gradient in an arable soil[J]. The ISME Journal, 4(10): 1340-1351.

SAHIN U, ANAPALI O, 2007. The effect of freeze-thaw cycles on soil aggregate stability in different salinity and sodicity conditions[J]. Spanish Journal of Agricultural Research(3): 431-434.

SAHIN U, ANGIN I, KIZILOGLU F M, 2008. Effect of freezing and thawing processes on some physical properties of saline-sodic soils mixed with sewage sludge or fly ash[J]. Soil and Tillage Research, 99(2): 254-260.

ŠARAPATKA B, BEDNÁŘ M, NETOPIL P, 2018. Multilevel soil degradation analysis focusing on soil erosion as a basis for agrarian landscape optimization[J]. Soil and Water Research, 13(3): 119-128.

SARKER J R, SINGH B P, COWIE A L, et al., 2018. Carbon and nutrient mineralisation dynamics in aggregate-size classes from different tillage systems after input of canola and wheat residues[J]. Soil Biology & Biochemistry, 116: 22-38.

SAWICKA J E, ROBADOR A, HUBERT C, et al., 2010. Effects of freeze-thaw cycles on anaerobic microbial processes in an arctic intertidal mud flat[J]. The ISME Journal, 4(4): 585-594.

SCHMIDT S K, COSTELLO E K, NEMERGUT D R, et al., 2007. Biogeochemical consequences of rapid microbial turnover and seasonal succession in soil[J]. Ecology, 88(6): 1379-1385.

SHRESTHA R K, LAL R, 2008. Land use impacts on physical properties of 28 years old reclaimed mine soils in Ohio[J]. Plant and Soil, 306(1-2): 249-260.

SHU X, ZHU A N, ZHANG J B, et al., 2015. Changes in soil organic carbon and aggregate stability after conversion to conservation tillage for seven years in the Huang-Huai-Hai Plain of China[J]. Journal of Integrative Agriculture, 14(6): 1202-1211.

SINGH S, SINGH J S, KASHYAP A K, 1999. Methane flux from irrigated rice fields in relation to crop growth and N fertilization[J]. Soil Biology & Biochemistry, 31: 1219-1228.

SIX J, ELLIOTT E T, PAUSTIAN K, 2000. Soil macroaggregate turnover and microaggregate formation: a mechanism for c sequestration under no-tillage agriculture[J]. Soil Biology and Biochemistry, 32(14): 2099-2103.

SONG K, YANG J, XUE Y, et al., 2016. Influence of tillage practices and straw incorporation on soil aggregates, organic carbon, and crop yields in a rice-wheat rotation system[J]. Scientific Reports, 6(1): 1-12.

SONG Y, ZOU Y, WANG G, et al., 2017. Altered soil carbon and nitrogen cycles due to the freeze-thaw effect: a meta-analysis[J]. Soil Biology and Biochemistry, 109: 35-49.

SORENSEN P O, FINZI A C, GIASSON M A, et al., 2018. Winter soil freeze-thaw cycles lead to reductions in soil microbial biomass and activity not compensated for by soil warming[J]. Soil Biology and Biochemistry, 116: 39-47.

SRIVASTAVA P, SHARMA Y K, SINGH N, 2014. Soil carbon sequestration potential of *Jatropha curcas* L. growing in varying soil conditions[J]. Ecological Engineering, 68: 155-166.

STARICKA J A, BENOIT G R, 1995. Freeze-drying effects on wet and dry soil aggregate stability[J]. Soil Science Society of America Journal, 59(1): 218-223.

STARKLOFF T, LARSBO M, STOLTE J, et al., 2017. Quantifying the impact of a succession of freezing-thawing cycles on the pore network of a silty clay loam and a loamy sand topsoil using X-ray tomography[J]. Catena, 156: 365-374.

SU Y, LV J L, YU M, et al., 2020a. Long-term decomposed straw return positively affects the soil microbial community[J]. Journal of Applied Microbiology, 128(1): 138-150.

SU Y, YU M, XI H, et al., 2020b. Soil microbial community shifts with long-term of different straw return in wheat-corn rotation system[J]. Scientific Reports, 10(1): 1-10.

SUN B, REN F, DING W, et al., 2021a. Effects of freeze-thaw on soil properties and water erosion[J]. Soil and Water Research, 16(4): 205-216.

SUN B Y, XIAO J B, LI Z B, et al., 2018. An analysis of soil detachment capacity under freeze-thaw conditions using the Taguchi method[J]. Catena, 162: 100-107.

SUN K, FU L, SONG Y, et al., 2021b. Effects of continuous cucumber cropping on crop quality and soil fungal community[J]. Environmental Monitoring and Assessment, 193(7): 1-12.

SUN R, DSOUZA M, GILBERT J A, et al., 2016. Fungal community composition in soils subjected to long-term chemical fertilization is most influenced by the type of organic matter[J]. Environmental Microbiology, 18(12): 5137-5150.

SYKES G, SKINNER F A, 1973. Actinomycetales: characteristics and practical importance[M]. Society for Applied Bacteriology Symposium. London: Academic Press.

TAGHIZADEH-TOOSI A, HANSEN E M, OLESEN J E, et al., 2022. Interactive effects of straw management, tillage, and a cover crop on nitrous oxide emissions and nitrate leaching from a sandy loam soil[J]. Science of The Total Environment, 828: 154316.

TAN X, WU J, WU M, et al., 2021. Effects of ice cover on soil water, heat, and solute movement: an experimental study[J]. Geoderma, 403: 115209.

TAO R, HU B, CHU G, 2020. Impacts of organic fertilization with a drip irrigation system on bacterial and fungal communities in cotton field[J]. Agricultural Systems, 182: 102820.

TEEPE R, BRUMME R, BEESE F, 2001. Nitrous oxide emissions from soil during freezing and thawing periods[J]. Soil Biology & Biochemistry, 33(9): 1269-1275.

TEJADA M, GONZALEZ J L, 2008. Influence of two organic amendments on the soil physical properties, soil losses, sediments and runoff water quality[J]. Geoderma, 145(3-4): 325-334.

TIAN R, ZHANG Y, XU A, et al., 2021. Impact of cooling on water and salt migration of high-chlorine saline soils[J]. Geofluids: 8612762.

TIERNEY G L, FAHEY T J, GROFFMAN P M, et al., 2001. Soil freezing alters fine root dynamics in a northern hardwood forest[J]. Biogeochemistry, 56(2): 175-190.

TIMMONS D R, HOLT R F, LATTERELL J J, 1970. Leaching of crop residues as a source of nutrients in surface runoff water[J]. Water Resources Research, 6(5): 1367-1375.

TISDALL J M, OADES J M, 1982. Organic matter and water-stability aggregates in soils[J]. Journal of Soil Science, 33(2): 141-163.

TORSVIK V, OVREAS L, 2002. Microbial diversity and function in soil: from genes to ecosystems[J]. Current Opinion in Microbiology, 5(3): 240-245.

TRASAR-CEPEDA C, LEIROS M C, GIL-SOTRES F, 2008. Hydrolytic enzyme activities in agricultural and forest soils. some implications for their use as indicators of soil quality[J]. Soil Biology & Biochemistry, 40(9): 2146-2155.

TÜRKMEN C, MÜFTÜOĞLU N, KAVDIR Y, 2013. Change of some soil quality characteristics under different pasture reclamation methods of rangelands[J]. Journal of Agricultural Sciences, 19(4): 245-255.

VAN BOCHOVE E, PREVOST D, PELLETIER F. Effects of freeze-thaw and soil structure on nitrous oxide produced in a clay soil[J]. Soil Science Society of America Journal, 2000, 64(5): 1638-1643.

WALLENSTEIN M D, MCMAHON S K, SCHIMEL J P, et al., 2009. Seasonal variation in enzyme activities and temperature sensitivities in arctic tundra soils[J]. Global Change Biology, 15(7): 1632-1639.

WAN X, GONG F, QU M, et al., 2019. Experimental study of the salt transfer in a cold sodium sulfate soil[J]. KSCE Journal of Civil Engineering, 23(4): 1573-1585.

WANG F C, LI Z B, CHENG Y T, et al., 2022. Effect of thaw depth on nitrogen and phosphorus loss in runoff of loess slope[J]. Sustainability, 14(30): 1560.

WANG J, KANG S, LI F, et al., 2008a. Effects of alternate partial root-zone irrigation on soil microorganism and maize growth[J]. Plant and Soil, 302(1-2): 45-52.

WANG J, NIU W, DYCK M, et al., 2017a. Drip irrigation with film covering improves soil enzymes and muskmelon growth in the greenhouse[J]. Soil Research, 56(1): 59-70.

WANG J, NIU W, GUO L, et al., 2018b. Drip irrigation with film mulch improves soil alkaline phosphatase and phosphorus uptake[J]. Agricultural Water Management, 201: 258-267.

WANG J Y, SONG C C, HOU A X, et al., 2014. CO_2 emissions from soils of different depths of a permafrost peatland, Northeast China: response to simulated freezing-thawing cycles[J]. Journal of Plant Nutrition and Soil Science, 177(4): 524-531.

WANG L, QI Y, DONG Y, et al., 2017b. Effects and mechanism of freeze-thawing cycles on the soil N_2O fluxes in the temperate semi-arid steppe[J]. Journal of Environmental Sciences, 56: 192-201.

WANG L, WANG C, FENG F, et al., 2021a. Effect of straw application time on soil properties and microbial community in the northeast China plain[J]. Journal of Soils and Sediments, 21(9): 3137-3149.

WANG X, LU P, YANG P, 2021b. Effects of micro-drip irrigation on soil enzymatic activities and nutrient uptake, and cucumber (Cucumis sativus L.) yield[J]. Archives of Agronomy and Soil Science, 67(12): 1621-1633.

WANG Y, XIAO D, LI Y, et al., 2008b. Soil salinity evolution and its relationship with dynamics of groundwater in the oasis of inland river basins: case study from the Fubei region of Xinjiang Province, China[J]. Environmental Monitoring and Assessment, 140(1): 291-302.

WANG Z, FAN B, GUO L, 2019. Soil salinization after long-term mulched drip irrigation poses a potential risk to agricultural sustainability[J]. European Journal of Soil Science, 70(1): 20-24.

WANG Z, LIAO R, LIN H, et al., 2018a. Effects of drip irrigation levels on soil water, salinity and wheat growth in North China[J]. International Journal of Agricultural & Biological Engineering, 11(1): 146-156.

WEI X, SHAO M, GALE W J, et al., 2013. Dynamics of aggregate-associated organic carbon following conversion of forest to cropland[J]. Soil Biology and Biochemistry, 57: 876-883.

WELKER J M, FAHNESTOCK J T, JONES M H, 2000. Annual CO_2 flux in dry and moist arctic tundra: field responses to increases in summer temperatures and winter snow depth[J]. Climatic Change, 44(1): 139-150.

WILSON C E, KEISLING T C, MILLER D M, et al., 2000. Tillage influence on soluble salt movement in silt loam soils cropped to paddy rice[J]. Soil Science Society of America Journal, 64(5): 1771-1776.

WINTER J P, ZHANG Z, TENUTA M, et al., 1994. Measurement of microbial biomass by fumigation-extraction in soil stored frozen[J]. Soil Science Society of America Journal, 58(6):1645-1651.

WOLIŃSKA A, GÓRNIAK D, ZIELENKIEWICZ U, et al., 2019. Actinobacteria structure in autogenic, hydrogenic and lithogenic cultivated and non-cultivated soils: a culture-independent approach[J]. Agronomy, 9(10): 598.

WONG V N L, GREENE R S B, DALAL R C, et al., 2010. Soil carbon dynamics in saline and sodic soils: a review[J]. Soil Use and Management, 26(1): 2-11.

WU L, MA H, ZHAO Q, et al., 2020. Changes in soil bacterial community and enzyme activity under five years straw returning in paddy soil[J]. European Journal of Soil Biology, 100: 103215.

WU M, WU J, TAN X, et al., 2019. Simulation of dynamical interactions between soil freezing/thawing and salinization for improving water management in cold/arid agricultural region[J]. Geoderma, 338: 325-342.

XIE W, CHEN Q, WU L, et al., 2020a. Coastal saline soil aggregate formation and salt distribution are affected by straw and nitrogen application: a 4-year field study[J]. Soil and Tillage Research, 198: 104535.

XIE X, PU L, ZHU M, et al., 2020b. Effect of long-term reclamation on soil quality in agricultural reclaimed coastal saline soil, Eastern China[J]. Journal of Soils and Sediments, 20(11): 3909-3920.

XUE P, FU Q, LI T, et al., 2022. Effects of biochar and straw application on the soil structure and water-holding and gas transport capacities in seasonally frozen soil areas[J]. Journal of Environmental Management, 301: 113943.

YANG W, LI S, WANG X, et al., 2021. Soil properties and geography shape arbuscular mycorrhizal fungal communities in black land of China[J]. Applied Soil Ecology, 167: 104109.

YU H L, YANG P L, HE X, 2014. Effects of sodic soil reclamation using flue gas desulphurization gypsum on soil pore characteristics, bulk density, and saturated hydraulic conductivity[J]. Soil Science Society of America Journal, 78(4): 1201-1213.

ZEBARTH B J, NEILSEN G H, HOGUE E, et al., 1999. Influence of organic waste amendments on selected soil physical and chemical properties[J]. Canadian Journal of Soil Science, 79(3): 501-504.

ZHANG D F, WANG S J, 2001. Mechanism of freeze-thaw action in the process of soil salinization in Northeast China[J]. Environmental Geology, 41(1): 96-100.

ZHANG J, WANG P, TIAN H, et al., 2019. Pyrosequencing-based assessment of soil microbial community structure and analysis of soil properties with vegetable planted at different years under greenhouse conditions[J]. Soil and Tillage Research, 187: 1-10.

ZHANG L, MAO L, YAN X, et al., 2022. Long-term cotton stubble return and subsoiling increases cotton yield through improving root growth and properties of coastal saline soil[J]. Industrial Crops and Products, 177: 114472.

ZHANG L, REN F, LI H, et al., 2021. The influence mechanism of freeze-thaw on soil erosion: a review[J]. Water, 13(8): 1010.

ZHANG M K, HE Z L, CHEN G C, et al., 1996. Formation and water stability of aggregates in red soils as affected by organic matter[J]. Pedosphere, 6(1): 39-45.

ZHANG P, WEI T, JIA Z, et al., 2014a. Soil aggregate and crop yield changes with different rates of straw incorporation in semiarid areas of Northwest China[J]. Geoderma, 230: 41-49.

ZHANG Q Q, XU H L, FAN Z L, et al., 2013. Impact of implementation of large-scale drip irrigation in arid and semi-arid areas: case study of Manas River valley[J]. Communications in Soil Science and Plant Analysis, 44(13): 2064-

2075.

ZHANG S, WANG Y, SUN L, et al., 2020a. Organic mulching positively regulates the soil microbial communities and ecosystem functions in tea plantation[J]. BMC Microbiology, 20(1): 1-13.

ZHANG T, WAN S, KANG Y, et al., 2014b. Urease activity and its relationships to soil physiochemical properties in a highly saline-sodic soil[J]. Journal of Soil Science and Plant Nutrition, 14(2): 304-315.

ZHANG Z, LI X, LIU L, et al., 2020b. Influence of mulched drip irrigation on landscape scale evapotranspiration from farmland in an arid area[J]. Agricultural Water Management, 230: 105953.

ZHAO J, YANG X, DAI S, et al., 2015. Increased utilization of lengthening growing season and warming temperatures by adjusting sowing dates and cultivar selection for spring maize in Northeast China[J]. European Journal of Agronomy, 67: 12-19.

ZHAO L, CHENG G D, DING Y J, 2004. Studies on frozen ground of China[J]. Journal of Geographical Sciences, 14: 411-416.

ZHOU J, TANG Y, 2018. Experimental inference on dual-porosity aggravation of soft clay after freeze-thaw by fractal and probability analysis[J]. Cold Regions Science and Technology, 153: 181-196.

ZHOU W, WANG Y, LIAN Z, et al., 2020. Revegetation approach and plant identity unequally affect structure, ecological network and function of soil microbial community in a highly acidified mine tailings pond[J]. Science of the Total Environment, 744: 140793.

ZONG R, HAN Y, TAN M, et al., 2022 Migration characteristics of soil salinity in saline-sodic cotton field with different reclamation time in non-irrigation season[J]. Agricultural Water Management, 263: 107440.